Emotionale Intelligenz –
Soft Skill für Manager?

Kai-Thomas Krause

Emotionale Intelligenz
Soft Skill für Manager?

Herstellung und Verlag:
Books on Demand GmbH, Norderstedt

Mit freundlicher Genehmigung der
Europäischen Fernhochschule Hamburg

Bibliografische Information der Deutschen Nationalbibliothek:
Die Deutsche Nationalbibliothek verzeichnet diese Publikation in der Deutschen Nationalbibliografie; detaillierte bibliografische Daten sind im Internet über http://dnb.d-nb.de abrufbar.
ISBN 9 783837 015713

Besuchen Sie uns im Internet: www.secrets-of-management.de

Inhaltsverzeichnis

1. Vorwort

Emotionale Intelligenz ist eines der spannendsten aber zugleich schwierigsten Themen des Managements. Die Frage nach den Faktoren, die Menschen jenseits des IQ erfolgreich machen kann, beschäftigt die Wissenschaft schon lange. Im Gegensatz zu der Wichtigkeit der Materie steht aber die Nichtbeachtung des Themas, die in den meisten Fällen daher rührt, dass es noch immer keine absoluten Meßmethoden gibt und vermutlich nie geben wird. Emotionale Intelligenz ist schwerer fassbar als andere Management Werkzeuge.

Genau diese Schwierigkeiten haben für den Autor immer schon den Reiz des Themas ausgemacht. Im Kern stand für ihn immer die Frage, wie Menschen, die offensichtlich keinerlei Einfühlungsvermögen besitzen, in der Lage sind, im beruflichen Alltag zu überleben und wie viel besser diese arbeiten würden, wenn sie darüber verfügen würden. Oder anders herum: wie kommt es, dass eher durchschnittlich intelligente Menschen überdurchschnittlich erfolgreich sind?

Durch eine Vielzahl von Jobs, zunächst während der Schul- und Studienzeit, dann später im Berufsleben, hatte der Autor Gelegenheit viele unterschiedliche Chefs zu haben. Es konnte sie live und direkt Beobachten und die Auswirkungen von gefühlt gutem und schlechtem Management am eigenen Leib spüren.

Durch das Studium des Master of Business Administration ergab sich schließlich die Möglichkeit sich auch auf wissenschaftlicher Basis mit der Thematik zu beschäftigen. Das vorliegende Buch stellt eine an einigen Stellen erweiterte Form der Masterthese dar. Dazu wurden die einzelnen Kapitel für den besseren Lesefluss etwas umformuliert und an einigen Stellen um Informationen ergänzt, die zum Zeitpunkt der Abgabe noch nicht vorlagen.

Da die Zelgruppe hauptsächlich im Management-sektor zu sehen ist und Manager bekanntlich wenig Zeit haben, wurde jedes Kapitel mit einer Zusammenfassung der wichtigsten Punkte angereichert.

Das Ergebnis dieses Buchs trägt zu einer Bereicherung des Wissens um das Thema und die Anwendung von Emotionaler Intelligenz bei und gibt Impulse, sich als Individuum und Unternehmen mit dem Thema zu beschäftigen.

Es verbleibt dem Leser nunmehr viel Spass bei der Lektüre zu wünschen.

Kai-Thomas Krause
Im Winter 2007

2. Einleitung

Das Thema Emotionale Intelligenz wurde in den vergangenen Jahrzehnten sehr intensiv und kontrovers in der wissenschaftlichen Gemeinde und der Öffentlichkeit diskutiert. Damit ist das Thema aus einem Schattendasein mehr in das Bewusstsein der Menschen und Unternehmen gewandert.

Schon Darwin war in seinem Werk „The Expression of the Emotions in Man and Animal" auf der Suche nach einer anderen Art der Intelligenz abseits der kognitiven. So betrachtete er die Wichtigkeit des Ausdrucks von Emotionen für das Überleben und die Anpassung (Darwin, 1872/2007).

Die ursprüngliche Idee der Emotionalen Intelligenz wie sie heute bekannt ist, geht bis in die 30er Jahre des vergangenen Jahrhunderts zurück. Doch erst im letzten Jahrzehnt wurde das Thema durch Literaturtitel wie „Emotionale Intelligenz" und „Emotionale Führung" von Daniel Goleman der breiten Öffentlichkeit ins Bewusstsein gerufen.

Auch wenn seitdem viel über das Thema Emotionale Intelligenz veröffentlicht wurde, konnte sich die wissenschaftliche Gemeinschaft noch nicht abschließend auf eine einheitliche Definition des Begriffs einigen. So liegen gleich mehrere Definitionen vor, die sich in Umfang und Abgrenzung stark unterscheiden.

Das wissenschaftliche Lager ist gespalten. Die Meinungen der Forscher gehen auf der einen Seite davon aus, dass Emotionale Intelligenz die Lösung für eine Vielzahl von Managementproblemen ist. Auf der anderen Seite stehen jene, die behaupten, dass das Konzept nur begrenzt anwendbar ist und Emotionale Intelligenz kaum eine relevante Rolle für den Managementalltag spielt. Die Diskussion um den Grad der Anwendbarkeit der Modelle der Emotionalen Intelligenz in der Managementdisziplin ist weiterhin in vollem Gange.

Das Ziel dieses Buchs ist es, dem Leser aufzuzeigen, in wie weit Emotionale Intelligenz eine der wesentlichen Fähigkeiten eines Managers sein sollte und wie wichtig diese für die Erfüllung seiner Aufgaben ist. Ausgehend von dieser übergeordneten Fragestellung ergeben sich Teilaspekte, die ebenfalls untersucht werden, damit dies in der Gesamtheit in einem schlüssigen Ergebnis resultiert. So ist eine weitere wichtige Fragestellung, in wie weit Emotionale Intelligenz erlernbar ist und mit welchen Methoden.

Das Buch befasst sich zuerst mit den theoretischen Grundlagen des Themas. Betrachtet wird dabei, was genau unter Emotionaler Intelligenz zu verstehen ist. Um dies zu erreichen, werden die Modelle der führenden Wissenschaftler vorgestellt und verglichen. Es folgt die Klärung, wie sich Emotionale Intelligenz als Fähigkeit in die anderen Soft Skills eingliedert, die üblicherweise von Managern gefordert werden. Begleitend ergibt sich daraus auch die Frage, in wie weit Emotionale Intelligenz sinnvoll messbar ist und welche praktisch anwendbaren Modelle für die Messbarkeit existieren.

Der nächste Abschnitt stellt die in der Literatur vorhandenen Ergebnisse von Forschung und Studien vor. Hier wird als zentraler Untersuchungsgegenstand geklärt, in wie weit Emotionale Intelligenz für die Arbeit eines Managers relevant ist und einen wichtigen Faktor für seine Weiterentwicklung darstellt. Es wird ebenfalls geklärt, wie Emotionale Intelligenz Organisationen betrifft und beeinflusst. Dies bezieht sich unter anderem auf die Auswahl und Qualifizierung von Mitarbeitern in Organisationen und den effektiven Einsatz von Teamarbeit. Zusätzlich ergibt sich daraus die Frage, ob Emotionale Intelligenz zu entwickeln ist und somit für den Bereich der Aus- und Weiterbildung von Mitarbeitern bzw. der persönlichen Weiterbildung von Interesse ist. Es werden außerdem die kritischen Stimmen zu den Modellen der Emotionalen Intelligenz und den bisherigen Forschungsergebnissen eingebracht.

Schließlich folgt die Zusammenfassung der Ausführungen der vorangegangenen Abschnitte im Ergebnis. Es wird zudem die Frage beantwortet ob, das Untersuchungsziel erreicht wurde.

Im letzten Abschnitt des Buchs wird abschließend geklärt, welche Fragen für die zukünftige Arbeit an dem Thema weiter offen bleiben und einer weiterführenden wissenschaftlichen Klärung bedürfen. Zudem wird ein Ausblick gegeben, wie das Konzept der Emotionalen Intelligenz zukünftig das Dasein von Managern und Organisationen beeinflussen könnte.

Das Buch stützt sich zum Erreichen der Untersuchungsziele auf ein breit gefächertes Spektrum an aktueller wissenschaftlicher Literatur. Dieses besteht aus Veröffentlichungen verschiedenster Autoren mit jeweils unterschiedlicher Fokussierung auf das Thema Emotionale Intelligenz. Somit wir gewährleistet, dass eine breit angelegte Betrachtung des Themas erreicht wird, die die verschiedenen Standpunkte der aktuellen Forschung berücksichtigt.

Eine empirische Untersuchung wäre zwar von großem Interesse gewesen, jedoch ist der Aufwand – gerade in diesem wissenschaftlichen Bereich – extrem groß und nicht im (Zeit-)Rahmen dieses Buchs zu bewältigen. Zudem liegt eine Vielzahl unterschiedlich fokussierter Untersuchungen und Studien vor, die an dieser Stelle für ein Gesamtbild ausgewertet werden. Um trotzdem einen Praxisbezug in das Buch einzubringen, fließt ein Interview mit dem Unternehmensberater und Coach Thomas Michas mit in das Buch ein. Er beschäftigt sich im Rahmen seiner täglichen Arbeit sehr intensiv mit dem Thema Emotionale Intelligenz. So kann zu den wissenschaftlichen Positionen aus der Literatur ein direkter Bezug zur Praxis in dieses Buch eingebracht werden.

Wenn im Text von Manager, Mitarbeiter etc. gesprochen wird, so ist immer auch die weibliche Form gemeint. Der besseren Lesbarkeit wegen wird aber darauf verzichtet dieses explizit so zu formulieren.

3. Modelle der EI

Als die Psychologie begann sich mit der Intelligenz an sich zu beschäftigen, lag der Fokus vor allem auf den kognitiven Aspekten. Zu diesen gehören z.B. Erinnerungsvermögen oder Problemlösungsstrategien (Cherniss, 2000, S. 2). Aus dieser Konzentration auf den Bereich des logischen Denkens resultierte schließlich das Modell des Intelligenzquotienten (IQ), das starke Verbreitung in der Anwendung fand und auch heute noch findet. Dabei spielt dieser eine wichtige Rolle bei vielen Einstellungstests, bei denen es gilt, einen bestimmten Wert zu erreichen.

Es stellte sich aber immer wieder heraus, dass viele Bewerber mit guten Ergebnissen im IQ Test in ihrer Arbeit wenig überzeugende Ergebnisse lieferten. Auf der anderen Seite fanden sich immer wieder Beispiele, bei denen der relativ niedrige IQ der betreffenden Personen keine nennenswerte Limitation für ihren Erfolg zu bedeuten schien. Aus diesem Grund begab sich die wissenschaftliche Gemeinde auf die Suche nach den Faktoren, die neben dem IQ die entscheidende Rolle für Erfolg und Leistung spielen (Goleman, 2005, S. 53ff.).

Grundlegende Aspekte der EI

Bereits in den zwanziger Jahren des vorigen Jahrhunderts fingen Autoren wie Thorndike mit Publikationen zur Sozialen Intelligenz an, sich mit den nicht kognitiven Aspekten von Intelligenz zu beschäftigen (Thorndike, 1920). Dabei stand im Fokus, dass es nicht eine einzige Intelligenz zu geben schien, sondern mehrere, die ein Gesamtkonstrukt ergeben.

In den 40er Jahren galt Wechsler als einer der wichtigsten Autoren, die das Thema konsequent weiterentwickelten (Wechsler, 1943). Er betrachtete den Einfluss von nicht kognitiven Faktoren auf das intelligente Verhalten des Menschen. Er argumentierte auch, dass das Modell der Intelligenz nicht komplett ist, so lange eben diese Faktoren nicht in ausreichendem Maße beschrieben sind (Bar-On, 2006, S. 1). Somit war er einer der ersten, die eine Erweiterung des Modells der Intelligenz vorschlugen.

Der Begriff Emotionale Intelligenz, wie er heute im Sprachgebrauch existiert, wurde schließlich durch die frühen Arbeiten von Mayer, DiPaolo und Salovey Anfang der 90er Jahre geprägt (Mayer et al., 1990, Salovey et al., 1990). Er wird heute gleichermaßen für alle Modelle verwendet, auch wenn diese, wie im Folgenden zu sehen sein wird, sehr unterschiedliche Ansätze verfolgen.

Eine gute allgemeine Definition der Emotionalen Intelligenz ist bei Simonivich (2006, S. 30) zu finden:

„Sich selbst unter Kontrolle haben und die Anforderungen der jeweiligen Situation das optimale Verhalten bestimmen lassen.“

Zu den Vorteilen der Kontrolle der eigenen Emotionen zählen nach Simonivich (2006, S. 31) folgende:

- eine bessere Beziehung zu anderen Personen
- eine bessere Selbstkontrolle
- weniger Stress
- eine allgemein höhere Motivation
- bessere Kommunikation mit anderen und damit bessere Einflussnahme
- weniger Konfliktsituationen
- ein höherer Respekt, der einem von anderen entgegengebracht wird.

Die Emotionale Intelligenz stellt also grundsätzlich eine Gruppe von psychologischen Fähigkeiten dar, die sich im Laufe des Lebens in verschiedenem Grade ausprägen können. Dabei werden diese Fähigkeiten von verschiedenen Faktoren beeinflusst, die für die jeweilige individuelle Ausprägung verantwortlich sind. So kann eine günstige Mischung der Faktoren zu einer guten Entwicklung der Emotionalen Intelligenz führen, eine ungünstige Konstellation hingegen zu einer schlechten

Ausprägung (Lyusin, 2006, S. 58). Es sei dabei betont, dass dieses Bündel bei jedem Menschen anders ausgeprägt ist. Er hat also Stärken und Schwächen. Es geht im Grunde nicht darum in allen Bereichen perfekt zu sein (so fern das überhaupt möglich ist), sondern vielmehr seine Stärken und Schwächen zu kennen und mit ihnen konstruktiv umzugehen.

Wie in Abbildung 1 zu sehen ist, sind die kognitiven Fähigkeiten grundlegend für die Verarbeitung von Emotionalen Informationen verantwortlich. Durch sie wird maßgeblich bestimmt, wie schnell und präzise die Umgebungsinformationen wahrgenommen und verarbeitet werden können.

Den zweiten Block stellt die eigene Vorstellung von Emotionen dar, die maßgeblich durch das Wertgefüge des Individuums bestimmt wird und damit den Vergleichsmaßstab festlegt. Dabei handelt es sich um die eigenen Wertvorstellungen, die moralischen und ethischen Grundwerte und das eigene Grundverständnis davon was Emotionen sind.

Den dritten Block stellen die besonderen Dimensionen der Emotionalität dar. Dazu gehören. die emotionale Sensibilität, also die Fähigkeit Emotionen richtig zu deuten und einzuordnen aber auch die eigene emotionale Stabilität.

Abbildung 1: Einflussfaktoren der Emotionalen Intelligenz

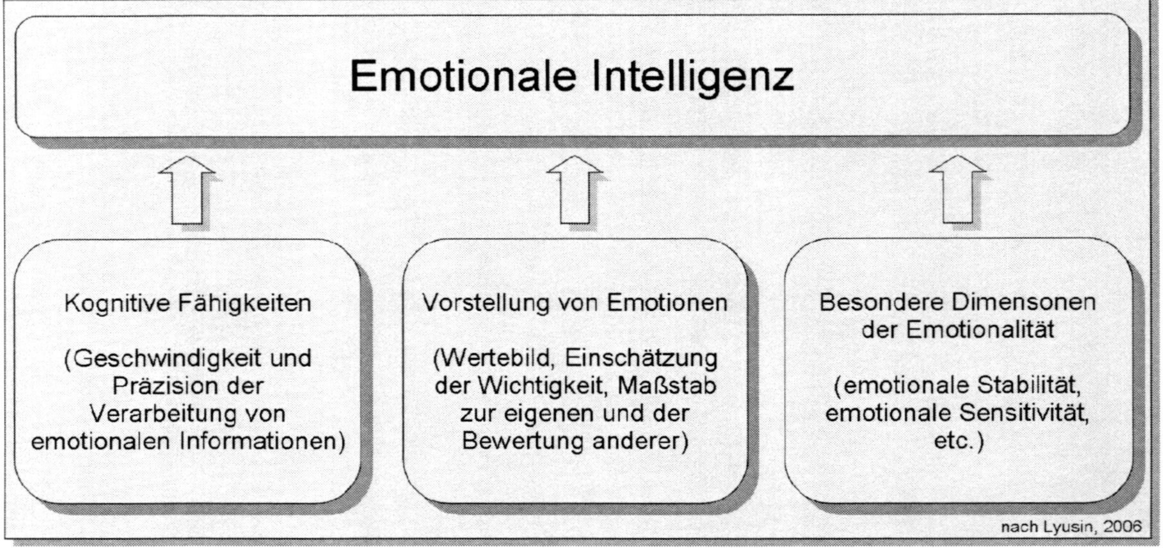

Durch diese drei Faktoren wird die Ausbildung der Emotionalen Intelligenz des Individuums im Laufe seines Lebens maßgeblich beeinflusst. Die Beeinflussung kann dabei sowohl positiv als auch negativ sein. Das heißt die Faktoren tragen mit ihren Einflüssen dazu bei, dass etwa das Wertbild positiv oder negativ ausfällt.

Die Fähigkeit Emotionen zu verstehen und diese managen zu können, gilt sowohl für die eigenen, als auch die Emotionen anderer als wichtigster Faktor. Das heißt, dass es nicht nur wichtig ist die eigenen Emotionen zu verstehen, sondern auch die von Interaktionspartnern zu verstehen und damit zu arbeiten. Aus diesem Grund unterscheidet man zwischen intrapersoneller und interpersoneller Emotionaler Intelligenz. Beide Arten verlangen jeweils andere kognitive Prozesse, müssen jedoch im Zusammenhang gesehen werden (Lyusin, 2006, S. 58).

Modell nach Goleman

Das ursprüngliche Modell der Emotionalen Intelligenz nach Daniel Goleman setzt sich aus persönlichen und sozialen Kompetenzen zusammen. Diesen Hauptkompetenzen sind wiederum in fünf Unterkompetenzen aufgeteilt (Goleman, 2005, S. 38f., amerikanische Originalausgabe 1997).

In seinem späteren Werk „Emotionale Führung" wurden die Unterkompetenzen zusammengefasst, so dass nur noch vier vorhanden sind (Goleman et al., 2003, S. 61, amerikanische Originalausgabe 2002). Zur besseren Vergleichbarkeit der einzelnen Faktoren soll an dieser Stelle aber das ursprüngliche Modell verwendet werden. Tabelle 1 zeigt den Aufbau des Modells nach Goleman.
Die Selbstwahrnehmung ist nach diesem Modell der wesentliche Baustein im Konstrukt der Emotionalen Intelligenz. Das Erkennen eines Gefühls, während dieses sich entwickelt und auftritt, stellt den ersten Schritt dar. Danach folgt die Fähigkeit der Einordnung der eigenen Gefühle, sowie die Einschätzung der eigenen Stimmungen und Verhaltensweisen und die Wirkung dieser auf andere. Schlussendlich stellt die Fähigkeit sich selbst zu vertrauen den letzten Baustein für die Basis dar.

Tabelle 1: Modell der Emotionalen Intelligenz nach Goleman

Persönliche Kompetenzen	Soziale Kompetenzen
Selbstwahrnehmung • Emotionales Bewusstsein • Zutreffende Selbsteinschätzung • Selbstvertrauen	**Empathie** •Andere verstehen •Andere entwickeln •Serviceorientierung •Vielfalt nutzen •Politisches Bewusstsein
Selbstregulierung • Selbstkontrolle • Vertrauenswürdigkeit • Gewissenhaftigkeit • Anpassungsfähigkeit • Innovation	**Soziale Fähigkeiten** •Einfluss •Kommunikation •Konfliktbewältigung •Führung •Katalysator des Wandels •Bindungen aufbauen •Zusammenarbeit •Teamfähigkeiten
Motivation • Leistungsdrang • Engagement • Initiative • Optimismus	

Können diese effektiv gehandhabt werden oder stauen sie sich als bedrückende Gefühle auf? Weitere Fähigkeiten dieser Gruppe sind die individuelle Anpassungsfähigkeit, die eigene Gewissenhaftigkeit und das Innovationsverhalten.

Bei der Motivation geht es darum, die eigenen Emotionen sinnvoll zu nutzen und diese in Handlungen oder einen Handlungsantrieb umzuwandeln. So sollten das Engagement und die Initiative vorhanden sein, die gesetzten Ziele zu erreichen. Dabei sollte aber auch Optimismus existieren, um eventuelle Rückschläge besser verkraften zu können.

Empathie ist schließlich die Fähigkeit die emotionale Befindlichkeit anderer aufzufangen und einzuschätzen, um entsprechend angemessen darauf reagieren zu können. Es geht darum, zu wissen, was der andere fühlt. Diese Fähigkeit stellt gleichzeitig auch die Grundlage für die so genannte Menschenkenntnis dar. Wer die Fähigkeit besitzt die Gefühle anderer aufzunehmen, kann besser und effektiver mit der jeweiligen Situation umgehen. So ordnet Goleman auch Serviceorientierung in diese Gruppe ein, da hier ein Eingehen auf das Gegenüber besonders wichtig ist. Auch ein politisches Bewusstsein und das Erkennen von Vielfalt als Chance sind hier zu finden.

Die letzte Gruppe des Modells sind die Sozialen Fähigkeiten. Um richtig mit einer Beziehung umgehen zu können, ist es notwendig, richtig mit den entsprechenden Gefühlen zu agieren. Hier erkennt Goleman die Grundlagen von Beliebtheit und Führung. Entsprechend gehören zu dieser Gruppe auch Einfluss, Kommunikation und Konfliktverhalten. Diese Faktoren haben auch Auswirkungen auf das Führungsverhalten und die Teamfähigkeit des Individuums (Goleman, 2005, S. 38f.).

Modell nach Mayer, Salovey und Caruso

Nach der Ansicht von Mayer, Salovey und Caruso (2004, S. 197) ist die oben genannte Definition von Goleman eher im populärwissenschaftlichen Sektor einzuordnen und für den wissenschaftlichen Einsatz zu ungenau. Ihre Kritik zielt vor allem darauf ab, dass große Überschneidungen mit anderen wissenschaftlichen Modellen von Intelligenz oder Emotionen eine klare Abgrenzung des Ansatzes verhindern. Deshalb definieren Sie Emotionale Intelligenz als:

„Die Fähigkeit Emotionen zu reflektieren, sie zu nutzen um die Denkweise voranzubringen. Dazu müssen Emotionen erkannt werden können und zugänglich sein, sowie erzeugt werden können. Somit können Emotionen und emotionales Wissen besser verstanden werden, um diese zu regulieren und die eigene emotionale und intellektuelle Entwicklung zu fördern."

(frei aus dem englischen nach Mayer et al. 2004, S. 197).

Entsprechend betrachten sie die Emotionale Intelligenz als ein Mitglied einer Klasse von Intelligenzen, die auch soziale, praktische und personelle Intelligenz beinhalten (Mayer et al., 2004, S. 197).

In ihrem Modell unterteilen Mayer et al. (2004, S. 199) Emotionale Intelligenz in vier Dimensionen von Fähigkeiten. Diese sind das Wahrnehmen von

Emotionen, das Nutzen von Emotionen um logische Gedankengänge zu unterstützen, Emotionen verstehen und handhaben. In der Literatur wird dieses Modell als „4-branches-model" bezeichnet. Dieses ist in Abbildung 2 dargestellt.

Abbildung 2: Das "4-branches-model"

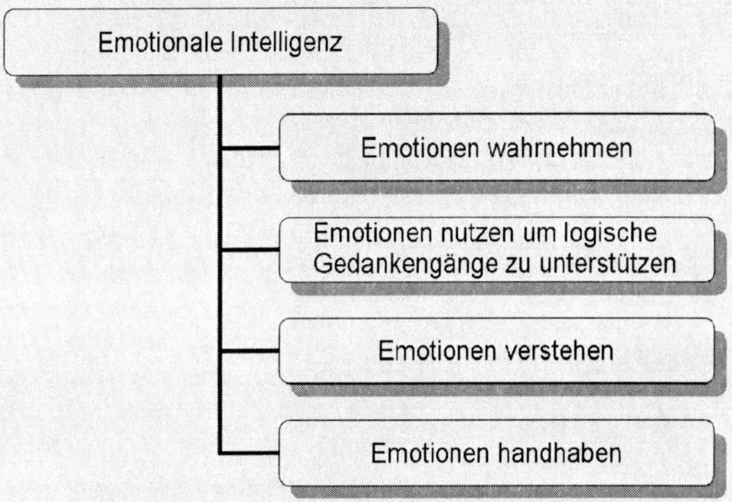

nach Mayer et al., 2004

Der erste Zweig „Emotionen wahrnehmen" enthält also die Fähigkeiten die Emotionen anderer überhaupt wahrzunehmen. Dazu zählt die Wahrnehmung nonverbaler Signale über Körpersprache und Mimik, aber auch die Wahrnehmung von Emotionen in der Sprache. Dies ist wiederum (wie schon bei Goleman) der Grundstein für die anderen Fähigkeiten.

Der zweite Zweig „Emotionen nutzen um logische Gedankengänge zu unterstützen“ beinhaltet die Fähigkeit wahrgenommene Emotionen in vorhandene Denkmuster zu übertragen und diese für Denkprozesse und Planung nutzbar zu machen. Er stellt also die Verbindung zwischen der Wahrnehmung von Emotionen und dem kognitiven Denken dar. Gerade auch dieses Nutzen von Emotionen begründet einen Vorteil für die aktive Nutzung Emotionaler Intelligenz im beruflichen und privaten Alltag.

Der dritte Zweig „Emotionen verstehen“, enthält die Fähigkeiten Emotionen zu analysieren, ihre Entwicklung abzuschätzen und ihr Ergebnis nachzuvollziehen. Somit wird es möglich die Bedeutung von Emotionen zu erkennen und Szenarien rund um die aktuelle Situation zu entwickeln.

Der vierte Zweig „Emotionen handhaben“ stellt die Fähigkeit dar, seine Emotionen im Kontext seiner Ziele, Selbsteinschätzung und sozialem Empfinden zu managen. Um dies zu erfüllen ist die ganze Persönlichkeit des Individuums involviert.
Eng an das von Mayer et al. postulierte „4-branches-model“ (siehe Abbildung 2) angelehnt ist der Kreislauf der Vier Komponenten der Emotionalen Intelligenz. Dieser stellt in Abbildung 3 den Ablauf des möglichen Einsatzes der Komponenten dar.

Abbildung 3:
Die Vier Komponenten der Emotionalen Intelligenz

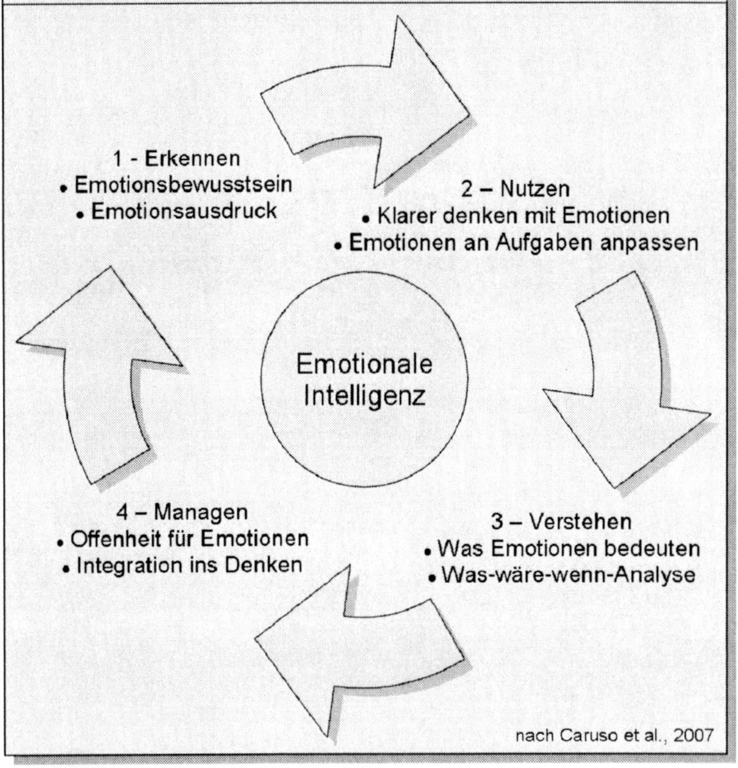

Wie in Abbildung 3 dargestellt, umfasst der sinnvolle Einsatz der Komponenten der Emotionalen Intelligenz vier Schritte. Über das Erkennen und das Bewusstsein einer Emotion kann diese effektiv genutzt werden. Dazu wird diese in das Denken eingebunden und der Aufgabe angepasst. Dies wiederum führt zur Möglichkeit des Verstehens der Emotion und der Bildung möglicher

Szenarien. Schlussendlich führt dies zum aktiven Management der Emotionen und der festen Integration in die eigenen Denkmuster. Dies führt zu einem bewussten Umgang mit Emotionaler Intelligenz im privaten und beruflichen Umfeld.

Modell nach Bar-On

Das Modell der Emotionalen Intelligenz nach Bar-On setzt im Gegensatz zu Mayer, Salovey und Caruso auf einem vielschichtigeren Ansatz auf. Es setzt sich aus insgesamt 15 Teilaspekten zusammen, die wiederum unter fünf Hauptgruppen zusammengefasst sind. Diese sind in Tabelle 2 dargestellt. Bar-On nennt das Modell "model of emotional-social intelligence (ESI)" (Bar-On, 2006, S. 2).

Entsprechend diesem Aufbau trägt das Modell nach Bar-On folgender genereller Definition Rechnung:

„Emotional-Soziale Intelligenz ist ein Querschnitt aus zusammenhängenden emotionalen und sozialen Kompetenzen, Fähigkeiten und Unterstützenden Funktionen, die bestimmen, wie effektiv wir uns selbst verstehen und ausdrücken, andere verstehen und mit ihnen in Beziehung stehen und mit den täglichen Anforderungen fertig werden." (Bar-On, 2006, S. 3).

Interessant an diesem Modell ist vor allem, dass neben den intra- und interpersonellen Faktoren, die in ähnlicher Form auch in Golemans Modell zu finden sind, Anpassungsfähigkeit, Stress-Management und generelle Stimmung als Faktoren zu finden sind. Somit ist ein hoher Praxisbezug gegeben, da diese Faktoren eine große Rolle für das Arbeitsumfeld spielen.

Tabelle 2: Modell der Emotionalen Intelligenz nach Bar-On
Intrapersonelle Fähigkeiten
• Emotionales Selbst-Bewusstsein • Durchsetzungsfähigkeit • Selbst-Achtung • Selbst-Verwirklichung • Unabhängigkeit
Interpersonelle Fähigkeiten
• Interpersonelle Beziehungen • Soziale Verantwortung • Empathie
Anpassungsfähigkeit
• Problembewältigung • Realitätssinn • Flexibilität
Stress-Management
• Stresstoleranz • Kontrolle der Impulsivität
Generelle Stimmung
• Fröhlichkeit • Optimismus

Die sehr breite Definition von Bar-On erlaubt einen guten Bezug zur Praxis, jedoch liegen auch hier viele Schnittmengen mit anderen Modellen von Intelligenzen vor. In so fern ist der Begriff Emotionale Intelligenz hier sehr viel weiter gefasst als bei Mayer et al. Das diese eher schlechte Abgrenzbarkeit trotz allem in der Praxis gut angewendet werden kann, zeigt der Einsatz des zugehörigen Fragebogens der im Folgenden vorgestellt wird.

Vergleich der Modelle

Die Vorstellung der drei theoretischen Modelle der Emotionalen Intelligenz hat gezeigt, dass die wissenschaftlichen Ansätze die vertreten werden, sehr unterschiedlich sind. In Tabelle 3 sind die Modelle im Direktvergleich zu sehen, um die Unterschiede zwischen den Autoren deutlicher aufzuzeigen.

Wie dargestellt, differieren die Modelle stark in der inhaltlichen Fokussierung und im Umfang der eingeschlossenen Faktoren voneinander. Auffällig hierbei ist vor allem die thematische Breite der unterschiedlichen Definitionen. Während Mayer, Salovey und Caruso sich ausschließlich auf den emotionalen Bereich beschränken, gehen die Definitionen von Bar-On und Goleman auch in andere allgemeine Bereiche des Modells der Persönlichkeit über. Damit verfügen die Modelle nach Bar-On und Goleman über eine weniger fokussierte Betrachtung, decken aber auch ein breiteres Spektrum an Faktoren ab.

Tabelle 3: Vergleich der Modelle Emotionaler Intelligenz

Goleman	Mayer, Salovey, Caruso	Bar-On
Selbstwahrnehmung	**Aufnehmen und Ausdrücken von Emotionen**	**Intrapersonelle Fähigkeiten**
• Gefühle im Entstehen erkennen • Gefühle ständig beobachten	• Identifizieren und Ausdrücken von Emotionen in Körpersprache, Gefühlen und Gedanken • Identifizieren und Ausdrücken von Emotionen in anderen Personen, Sprache, Kunst, etc.	• Emotionales Selbst-Bewusstsein • Durchsetzungsfähigkeit • Selbst-Achtung • Selbst-Verwirklichung • Unabhängigkeit
Selbstregulierung	**Emotionen gedanklich Nutzbar machen**	**Interpersonelle Fähigkeiten**
• Gefühle angemessen behandeln • Sich selbst besänftigen • Ungezügelte Angst, Schwermut oder Reizbarkeit kontrollieren	• Gedanken werden von Emotionen in produktiver Weise priorisiert • Emotionen Leisten Hilfe bei Urteils- und Merkvermögen	• Interpersonelle Beziehungen • Soziale Verantwortung • Empathie
Motivation	**Emotionen analysieren und verstehen**	**Anpassungsfähigkeit**
• Emotionen zielgerichtet einsetzen • Drang zu Belohnungen unterdrücken • Sich in den Zustand des Flows begeben können	• Fähigkeit Emotionen einzuordnen, auch die komplexer Natur, vermischt mir Gefühlen • Fähigkeit Beziehungen zu verstehen, verknüpft mit höherer Emotionalität	• Problembewältigung • Realitätssinn • Flexibilität
Empathie	**Emotionen handhaben**	**Stress-Management**
• Emphatische Aufmerksamkeit • Bedürfnisse und Wünsche anderer wahrnehmen	• Offen für Gefühle bleiben • Emotionen beobachten und regulieren und diese einsetzen um emotional und intellektuell zu wachsen	• Stresstoleranz • Kontrolle der Impulsivität
Soziale Fähigkeiten		**Generelle Stimmung**
• Emotionen bei anderen handhaben • Mit anderen Interagieren		• Fröhlichkeit • Optimismus

nach Mayer et al., 2004

Diese Breite der Definition führt aber auch dazu, dass der Begriff Emotionale Intelligenz schwerer fassbar wird, da die klare Abgrenzung der Modelle schwierig wird und die Grenzen zu anderen Teilintelligenzen verschwimmen.

Um die Unterschiedlichen Fokussierungen der theoretischen Ansätze besser zu verdeutlichen, haben Mayer et al. (2000, S. 404) die jeweiligen betrachteten Faktoren in die psychologische Systematik der Persönlichkeit eingeordnet. In Abbildung 4 sind die unterschiedlichen theoretischen Definitionen in die Untersysteme des Modells der Persönlichkeit eingeordnet.

Dabei wird verdeutlicht, dass sich der Ansatz von Mayer, Salovey und Caruso ausschließlich auf den Bereich der interaktiven emotionalen und kognitiven Funktionen konzentriert. Das Modell nach Goleman hingegen betrachtet auch Faktoren aus dem Bereich der Inter- und Intrapersonellen Qualitäten. Alle Subsysteme des Persönlichkeitsmodells umfasst das Modell von Bar-On. Hier sind neben den Inter- und Intrapersonellen Qualitäten auch Mechanismen vertreten, die auf der Stufe der biologisch verknüpften Funktionen stehen.

Abbildung 4: Emotionale Intelligenz und das Modell der Persönlichkeit

<table>
<tr><td></td><td colspan="3">Persönlichkeit und die Untersysteme</td></tr>
<tr><td></td><td colspan="2">Befriedigung interner Bedürfnisse</td><td>Reaktionen auf die Außenwelt</td></tr>
<tr><td>Erlernte Modelle</td><td colspan="2">Intrapersonelle Qualitäten
● Intrapersonelle Fähigkeiten
▲ Selbstmotivation</td><td>Interpersonelle Qualitäten
● Interpersonelle Fähigkeiten
▲ Beziehungsmanagement</td></tr>
<tr><td>Interaktive Funktionen</td><td colspan="2">Motivationsfluss und Emotionale Interaktion
● Handhabung von Stress</td><td>Emotionale und kognitive Interaktion
■ Erkennen/Ausdrücken von Emotionen
■ Emotionen gedanklich Nutzbar machen
■ Emotionen analysieren und verstehen
■ Emotionen handhaben
▲ Selbstwahrnehmung
▲ Empathie
▲ Soziale Fähigkeiten</td></tr>
<tr><td>Biologisch verknüpfte Mechanismen</td><td>Richtungen des Motivationsflusses</td><td>Emotionale Qualitäten
● Generelle Stimmung</td><td>Kognitive Fähigkeiten
● Anpassungsfähigkeit</td></tr>
</table>

Elemente nach den Modellen von: ▲ Goleman, ■ Mayer et al., ● Bar-On

nach Mayer et al., 2004

Wo Mayer, Salovey und Caruso versuchen eine wissenschaftlich exakte und klar abgegrenzte Definition zu formen, gehen die Modelle von Goleman und Bar-On auch in schwerer definierbare Bereiche des Persönlichkeitsmodells über. Da die Elemente der Definition von Mayer, Salovey und Caruso aber im weitesten Sinne auch in den von Goleman und Bar-On formulierten Modellen enthalten sind, soll für die weitere Arbeit die Definition von Goleman als das Konstrukt der Emotionalen Intelligenz verstanden werden.

Kerngedanken

- Es gibt mehrere Modelle der EI, die sich in Art und Umfang voneinander unterscheiden
- Zwischen den Modellen gibt es Schnittmengen
- Je nach Untersuchungszweck können die Modelle spezifisch eingesetzt werden
- Eine eindeutige Abgrenzung ist schwierig - trotz der Definitionen bleibt Emotionale Intelligenz ein weicher Faktor
- Selbstwahrnehmung ist aber in allen Modellen der Grundstein für eine funktionierende Emotionale Intelligenz

4. Kann EI getestet werden?

Um Emotionale Intelligenz aktiv zu nutzen und zu entwickeln, ist es notwendig sich darüber bewusst zu werden, wie stark oder schwach die einzelnen Bereiche ausgeprägt sind. Daher ergibt sich automatisch die Frage nach einer Messbarkeit oder Feststellbarkeit der einzelnen Fähigkeiten.

Es wurden unterschiedliche Testverfahren entwickelt, um Emotionale Intelligenz bei Individuen messbar zu machen Die beiden meist genutzten Verfahren bauen direkt auf den oben vorgestellten Modellen von Mayer, Salovey und Caruso sowie dem von Bar-On auf. Auf der Basis dieser Modelle wurde jeweils von den Autoren ein Test entwickelt, der die Emotionale Intelligenz des Probanden auf einer Skala misst und sich diese somit einordnen lässt. Daneben gibt es noch einige Testverfahren kommerzieller Anbieter, bei denen aber nicht klar nachvollzogen werden kann, aus welchen theoretischen Modellen sie hervorgehen.

Basierend auf dem von ihnen entwickelten „4-branches-model“ haben Mayer et al. den „Mayer-Salovey-Caruso Emotional Intelligence Test“ (MSCEIT) entwickelt. Dieser beinhaltet acht zu beantwortende Aufgabenstellungen, je zwei für jede Dimension des „4-branches-model“ (Mayer et al., 2004, S. 200). Ein früheres Modell war der „Multifactor Emotional Intelligence Test“ (MEIS), der mittlerweile vom

MSCEIT abgelöst wurde (Bar-On, 2006, S. 7). Der MSCEIT ist als die konsequente Weiterentwicklung des MEIS zu verstehen, wobei die Erfahrungen aus der Praxis der Anwendung des MEIS in den MSCEIT eingeflossen sind.

Als Ergebnis Ihrer Forschungen charakterisieren Mayer et al. (2004, S. 210) basierend auf ihrem MSCEIT Verfahren die hoch emotional intelligente Person. Diese ist nach ihren Aussagen sehr fähig in dem Erkennen, Verarbeiten, Verstehen und dem Management von emotionalen Informationen. Daneben fällt es dieser Person leichter emotionale Probleme kognitiv zu lösen. Es ist auch die Tendenz zu erkennen, dass die verbalen und sozialen Teilintelligenzen höher sind als bei Probanden mit niedrigerem Ergebnis. Auch werden diese Personen oft durch Offenheit und Liebenswürdigkeit ausgezeichnet. Die hoch emotional intelligente Person neigt dazu Tätigkeiten auszuüben, die soziale Interaktion beinhalten, wie z.B. Lehren oder Beraten. Interessant ist auch die Tatsache, dass diese Personen weit weniger dazu neigen selbst zerstörerische Verhaltensweisen an den Tag zu legen. So ist der Missbrauch von Tabak, Alkohol, harten Drogen aber auch die Verwicklung in gewalttätige Auseinandersetzungen hier seltener zu finden. Außerdem herrscht verbreitet die Fähigkeit vor, seine eigene Motivation durch konkrete Ziele, Absichten und Missionen detailliert zu beschreiben (Mayer et al., 2004, S. 210).

Entsprechend seinem theoretischen Modell der ESI wurde von Bar-On ebenfalls ein Verfahren entwickelt, das als Test für Emotionale Intelligenz eine weite Verbreitung hat. Dieses wird als Emotional Quotient Inventory (EQ-i) bezeichnet (Bar-On, 2006, S. 4). Der EQ-i Test wurde mittlerweile in über 30 Sprachen übersetzt und in einer Vielzahl von Studien auf der ganzen Welt eingesetzt. Entsprechend der Menge der Studien, bei denen der EQ-i Test verwendet wurde, konnte die Stabilität und Validität des Modells bewiesen werden (Bar-On, 2006, S. 6).

Die Entwicklung des Modells fand über einen Zeitraum von über 17 Jahren statt und mündete in der weiter oben vorgestellten Version der 15 Subskalen. Für den Test sind diesen Subskalen wiederum in 133 Elemente untergeordnet, die der Proband bewältigen muss. Diese gehen auf theoretische Überlegungen aber auch statistische Gegebenheiten ein.

Die Testmethoden nach Bar-On (EQ-i) und nach Mayer et al. (MEIS, MSCEIT) unterscheiden sich aufgrund der jeweils zu Grunde liegenden Theorie stark voneinander. So überschneiden sich die Tests interessanterweise kaum, obwohl sie beide den Grad an Emotionaler Intelligenz messen. Somit bedienen die beiden Tests unterschiedliche Aspekte der Emotionalen Intelligenz (Emmerling et al., 2003, S. 9) und können parallel eingesetzt werden.

Es ist jedoch generell kritisch anzumerken, dass es sich bei den Testverfahren grundsätzlich um Selbstauskunft Tests handelt. Es wird vom Probanden eine bestimmte Anzahl an Fragen beantwortet, die somit ein Selbstbild zeichnen können. Allerdings ist die Qualität der Fragenbeantwortung an die aktuelle Stimmung des Probanden geknüpft, so wie seine Konzentrationsfähigkeit. Besonders letztere ist bei einem Umfang von mehr als 100 Fragen stark gefordert. In so fern können die Punktzahlen der Tests zu verschiedenen Zeitpunkten auch unterschiedlich ausfallen. Eine Tendenz der gemessenen Fähigkeiten ist jedoch ablesbar.

Kerngedanken

- Zu allen Modellen von existieren Testverfahren
- Bei den Testverfahren handelt es sich um Selbstauskunftstests
- Die Testverfahren sind bereits in einer Vielzahl von Studien eingesetzt worden, sowohl im universitären als auch im wirtschaftlichen Sektor
- Daneben gibt es andere Anbieter im Bereich der Personalberatung, die auf diesen Modellen basieren (jedoch fast ausschließlich amerikanischer Raum)

5. Soft Skills und EI

Die Begrifflichkeit Soft Skills umschreibt eine Gruppe von Eigenschaften und Fähigkeiten, die zur generellen Ausübung von Arbeit notwendig sind. Die Gruppe der Soft Skills steht den so genannten Hard Skills gegenüber, welche die fachlichen Kompetenzen eines Individuums beschreiben (Wikipedia, 2007b).

Soft Skills spielen im heutigen Wirtschaftsleben deswegen eine wichtige Rolle, weil eine reine fachliche Fokussierung in der sich schnell ändernden Umgebung nicht mehr ausreichend ist, um sich der jeweiligen Situation anzupassen (Carroll, 2005, S. 1). Bezogen auf das Wirtschaftsleben werden Soft Skills und Soziale Kompetenz oft synonym verwendet. Dieses Bündel an Kompetenzen wird gemeinhin als eine der Schlüsselqualifikationen auf dem Arbeitsmarkt für Positionen des mittleren Managements betrachtet (Wikipedia, 2007c).

Interessant hierbei ist die Tatsache, dass trotz der allgemeinen Einsicht über die Wichtigkeit der Soft Skills keine einheitliche Definition zu finden ist (Ramsoomair, 2004, S. 234; Wikipedia, 2007b).
Nach Carroll (2005, S. 1) sind die zwölf wichtigsten Soft Skills in Tabelle 4 dargestellt.

Tabelle 4: Die zwölf wichtigsten Soft Skills	
Selbstbewusstsein	Politisches Bewusstsein
Chancen erkennen	Mit Unklarheiten umgehen
Initiative ergreifen	Fokussierung auf Weiterentwicklung
Networking	Fähigkeiten transferieren
Entscheidungsfindung	Selbstsicherheit
Verhandlungsgeschick	Selbstdarstellung nach Carroll, 2005

Ein anderer Definitionsansatz von Ramsoomair (2004, S. 234), der auf einem Modell der Purdue University aufbaut, beinhaltet weniger Elemente. Diese sind zudem allgemeiner gefasst, als die von Carroll. Im Einzelnen handelt es sich um die folgenden Fähigkeiten:

Tabelle 5: Soft Skills nach Ramsoomair	
Arbeitsethik	Selbstdisziplin & Selbstsicherheit
Umgangsformen	Konformität mit bestehenden Normen
Teamwork	Sprachliche Fertigkeiten

Die beiden aufgezeigten Ansätze zeigen, dass auch die Definition der Begrifflichkeit Soft Skills von den Autoren sehr uneinheitlich verwendet wird. Die Ansätze sind unterschiedlich breit in der Definition aufgestellt und umfassen unterschiedliche Teilaspekte. Dennoch wird deutlich dass die beiden Modelle viele Elemente gemeinsam haben. Analog zu den Modellen der Emotionalen Intelligenz fällt eine eindeutige und klare Abgrenzung sehr schwer.

Zusammenhang von EI und Soft Skills

Nach Ramsoomair (2004, S. 234) stellt die Emotionale Intelligenz eine Untergruppe der Soft Skills dar, die viele Bereiche der eigentlichen Gruppe Soft Skills abdeckt. Insofern sind die Übergänge zwischen den Modellen fließend.

Goleman hingegen definiert die Soziale Kompetenz als eine Untergruppe seines Modells der Emotionalen Intelligenz.

Auch ein Vergleich der vorgestellten Modelle der Emotionalen Intelligenz mit denen der Soft Skills zeigt deutliche Überschneidungen auf. Es kann und soll an dieser Stelle nicht diskutiert werden, welches der Konstrukte „richtig" ist, und welches Modell von welchem eine Abhängigkeit zeigt - sofern eine solche Diskussion überhaupt möglich ist.

Vielmehr wird an dieser Stelle deutlich, dass die Modelle der Emotionalen Intelligenz und Soft Skills eng miteinander verzahnt sind und somit nicht losgelöst voneinander betrachtet werden können. Damit ist die Kernfrage nach dem Zusammenhang der beiden Konstrukte eindeutig beantwortet. Es soll hier also festgehalten werden, dass die Emotionale Intelligenz ein Soft Skill ist.

Kerngedanken

- Der Begriff Soft Skills lässt sich sehr schwer eingrenzen und in feste Definitionen fassen
- Es gibt zwischen den Soft Skills und der EI eindeutige Schnittmengen
- Beide Modelle gehören untrennbar zusammen
- Im Modell nach Goleman sind die Soft Skills eine Teilmenge der EI

6. Was macht heute erfolgreich?

Nachdem im vorangegangenen Abschnitt die theoretischen Grundlagen ausführlich dargestellt wurden, ergibt sich jetzt die Frage nach der Anwendbarkeit in der Praxis. Es wird in diesem Kapitel untersucht, welche Relevanz Emotionale Intelligenz für Organisationen und Manager hat. Dazu werden Quellen der wissenschaftlichen Diskussion herangezogen. Um die Strömungsrichtungen aufzufächern, wird zuerst der Organisationskontext untersucht, danach die Auswirkungen auf den Manager und die mit ihm verbundenen Teilaspekte. Da die Organisation den Handlungsrahmen des Managers darstellt und der Ort seiner Interaktionen ist, spielen die Einflüsse der Emotionalen Intelligenz eine wichtige Rolle. Im Kern steht hier die Frage danach, was eine Organisation oder einen Manager heute erfolgreich machen.

Erfolgsfaktoren für Organisationen

Das schnelle Voranschreiten der Globalisierung, der härtere Wettbewerb um spezialisierte Talente und der zunehmend stärkere Einsatz von temporären Teams machen die Faktoren der Emotionalen Intelligenz immer wichtiger (Wallace et al., 2005, S. 84).

Es findet momentan ein Umdenken bei vielen Organisationen in Bezug auf die Faktoren statt, die für die Führung dieser Organisationen zukünftig von Bedeutung sein werden. Nach diesen neuen Ansichten ist Emotionale Intelligenz nicht nur wichtig, um als Person in einer Organisation erfolgreich zu sein. Vielmehr wird sie wichtiger, desto höher ein Individuum in der Hierarchie einer Organisation aufsteigt (Dulewicz et al., 2003, S. 194).

Beim Aufstieg in der Hierarchie treten die fachlichen Fähigkeiten stärker in den Hintergrund, je höher die Ebene ist. Grundlage von Beförderungen ist aber meist die gute fachliche Arbeit und nicht ein hoher Grad an Emotionaler Intelligenz. Faktoren wie Emotionale Intelligenz werden aber zunehmend wichtiger.

Die Auswirkungen des Fehlens dieser Faktoren in Organisationen hat Peter untersucht. Nach seiner Theorie steigt eine Person so weit auf, bis sie Ihre Stufe der Unfähigkeit erreicht hat, also Fähigkeiten benötigt, die sie in einem nicht ausreichendem Maß besitzt (Peter, 2004, 19ff.). Bei diesen fehlenden Fähigkeiten handelt es sich vornehmlich um solche der Emotionalen Intelligenz. Aus diesem Grund liegt eine zentrale Herausforderung für Organisationen in der Förderung der Emotionalen Intelligenz ihrer Manager, um weiterhin erfolgreich am Markt bestehen zu können (Rahim et al., 2002, S. 320). Zudem kann eine entsprechende Förderung und Ausbildung dazu beitragen, eben solche vermeintlich in der Stufe ihrer Unfähigkeit angelangten Manager wieder zu befähigen, effektiv zu arbeiten. Dies macht das

Unternehmen effektiver und kann zudem dazu beitragen Kosten zu sparen, die durch solche Fehlbesetzungen entstehen.

Die sich schnell ändernden politischen und wirtschaftlichen Rahmenbedingungen und die damit verbundenen organisatorischen Veränderungen, sowie die fortschreitende Globalisierung, machen Emotionale Intelligenz in Organisationen zu einem wichtigen Werkzeug (Goleman, 2000b, S. 18 ff.). Nach Dulewicz und Higgs (2003, S. 194f.) ergeben sich für Organisationen aktuell vier wichtige zentrale Herausforderungen, die alle eng mit dem Modell der Emotionalen Intelligenz verbunden sind. Diese sind:

1. Erfolgreich im „War for Talent" zu bestehen
2. Erfolgreiches Management der so genannten weichen Faktoren
3. Änderungen erfolgreich umzusetzen
4. Erfolgreiches Management aller Stakeholder-Beziehungen.

Alle diese Herausforderungen sind mit dem Management von Beziehungen und den Gefühlen der Beteiligten verbunden und sprechen die unterschiedlichen Bausteine der Modelle der Emotionalen Intelligenz an. Entsprechend wichtig ist die Emotionale Intelligenz als Einflussfaktor für den Erfolg in den genannten Gebieten zu sehen.

Als ein Ergebnis seiner Tätigkeit als Berater im Organisationsbereich, konnte Goleman feststellen, dass der EQ auf allen Hierarchieebenen doppelt so wichtig wie der IQ oder fachliche Kenntnisse ist. Dies resultiert aus der Tatsache, dass auf den höheren Ebenen eines hierarchischen Systems das Beziehungsmanagement eine immer wichtigere Rolle spielt. Bei seinen Vergleichen zwischen den besten und eher durchschnittlichen Führungskräften der höchsten Hierarchiestufe fand er heraus, dass nahezu 90% der Unterschiede in den Profilen der Manager auf Faktoren der Emotionalen Intelligenz zurückzuführen waren (Goleman et al., 2003, S. 313).

Es kann also festgehalten werden, dass Emotionale Intelligenz ein wichtiger Wettbewerbsfaktor für Unternehmen in der heutigen globalisierten Wirtschaft ist. Der aktive Einsatz im Bereich Human Ressources im Sinne von Beförderungsmanagement und Weiterbildung kann einen wertvollen Beitrag zur langfristigen Wettbewerbsfähigkeit von Unternehmen leisten.

Erfolgsfaktoren für Manager

Neben den Erfolgsfaktoren für Organisationen ist interessant zu wissen, was einen Manager als Individuum erfolgreich machen kann. Welche Faktoren können zum Erfolg beitragen?

Nach dem Modell von Boyatsis (1982) können die von einem Manager benötigten Fähigkeiten in fünf Gruppen untergliedert werden. Dieses Bündel von Fähigkeiten ist in seiner Kombination mit für den Erfolg des Managers verantwortlich. Die Gruppen sind in Tabelle 6 dargestellt.

Es wird deutlich, dass aus diesem Anforderungsmodell diverse Schnittmengen mit den Modellen der Emotionalen Intelligenz vorliegen. So sind in allen fünf Gruppen Teilelemente, wie z.B. Selbstsicherheit, Teammanagement oder Beziehungsmanagement wieder zu finden (siehe Tabelle 6).

Einen etwas anderen Definitionsansatz verfolgt Sarges (1990, S. 165). Nach seinem Modell können ebenfalls fünf Schlüsselqualifikationen für einen Manager definiert werden. Die einzelnen Punkte sind aber im Gegensatz zu Boyatzis Modell nicht weiter ausdifferenziert. Im Einzelnen sind die Punkte von Sarges:

- Fachliche Qualifikation (Sache)
- Konzeptionelle Qualifikation (Zielsetzung)
- Methodische Qualifikation (Realisierung)
- Kommunikative Qualifikation (Umgang mit Menschen)
- Soziale Verantwortung (Moral und Ethik)

Tabelle 6: Die Fünf Gruppen von Fähigkeiten für Manager

Ziel- und Handlungs-orientierung	• Beachten von Status- und Machtsymbolen und deren Wirkung auf andere • Mustererkennung in unstrukturierten Informationen, Anwendung von Konzepten auf Situationen • Konzentration auf Effizienz • Proaktive Handlungsweise
Leadership	• Stärken in der Konzeptentwicklung und -anwendung • Selbstsicherheit, bewusstes Handeln • Sichere Präsentationsfähigkeiten
Human Ressource Management	• Umgang mit sozialem Wissen, Aufbau von Allianzen, Netzwerken, Koalitionen und Teams • Gruppenprozesse Managen, andere stimulieren, effektiv in einer Gruppenumgebung zu arbeiten
Fokussierung auf andere Cluster	• Objektivität, Vermeidung von Vorurteilen • Zurückstellen und Kontrolle der eigenen Bedürfnisse zu Gunsten des Unternehmens
Personalführung	• Fähigkeit zur Entwicklung anderer • Spontaneität • Einsatz von direktiven Führungsstilen

nach Boyatzis, 1982

Die Überschneidungen der beiden Modelle werden hier deutlich. Auch beziehen sich die beiden letzten Punkte von Sarges Schlüsselqualifikationen direkt auf Fähigkeiten aus den Modellen der Emotionalen Intelligenz.

In dem heute immer stärker werdenden Wettbewerb und den komplexen Herausforderungen an Organisationen stellt die Emotionale Intelligenz bei Managern einen wichtigen Faktor dar. Wie Goleman (2000, S. 78) feststellt, benötigt eine effiziente Führungskraft mehr als einen Managementstil, um den vielfältigen Situationen des Organisationsalltags gerecht zu werden. Die einzelnen Führungsstile wiederum sind eng mit den einzelnen Komponenten der Modelle der Emotionalen Intelligenz verknüpft. Diese Führungsstile sind in Abbildung 5 detailliert dargestellt.

Folglich wird ein Manager, der über eine gut ausgeprägte Emotionale Intelligenz verfügt bessere und effizientere Arbeit leisten können als einer, bei dem Emotionale Intelligenz gar nicht oder nur in geringem Maße vorhanden ist. Dabei geht man davon aus, dass alle anderen Fähigkeiten gleich gut ausgeprägt sind. Allerdings muss die Kombination der Fähigkeiten stimmen.

Abbildung 5: Die sechs Führungsstile nach Goleman

	Zwingend	Autoritär	Partnerschaftlich	Demokratisch	Antreibend	Coaching
Modus operandi	Fordert sofortige Fügsamkeit	Menschen auf eine Vision hin mobilisieren	Harmonie und starke emotionale Bindung erzeugen	Konsens durch Partizipation erreichen	Hohe Standards für Performance setzen	Menschen für die Zukunft entwickeln
Kurzbeschreibung	Tu was ich Dir sage.	Komm mit mir.	Menschen kommen zuerst.	Was ist Deine Meinung?	Tue was ich jetzt tue.	Versuche es so.
Basierendes EI Konzept	Wille zu Erfolg, Initiative, Selbstkontrolle	Selbst-Bewusstsein, Empathie, Katalysator für Änderungen	Empathie, Beziehungen aufbauen, Kommunikation	Zusammenarbeit, Team Leadership, Kommunikation	Pflichtbewusstsein, Wille zu Erfolg, Initiative	Andere entwickeln, Empathie, Selbst-Bewusstsein
Wann der Stil funktioniert	Krisensituation, Wendepunkt herbeiführen, bei problematischen Mitarbeitern	Wenn Änderungen eine neue Vision brauchen oder eine klare Ausrichtung benötigt wird	Angeschlagene Teamstrukturen reparieren, Motivation in Stressphasen	Konsens aufbauen, Wissen der Mitarbeiter nutzen	Schnelle Ergebnisse von hoch motivierten und kompetenten Teams bekommen	Anderen Mitarbeitern helfen ihre Leistung zu steigern, langfristige Stärken entwickeln
Auswirkungen auf das Klima	negativ	Meist stark positiv	positiv	positiv	negativ	positiv

Nach Goleman sollte eine Führungskraft über die entsprechenden grundlegenden emotionalen Fähigkeiten, wie z.B. Selbstwahrnehmung, verfügen, da die unterschiedlichen Stile der Führung in den jeweiligen Situationen angewendet werden müssen und gebraucht werden. Goleman (2000, S. 87) geht davon aus, dass eine Führungskraft umso besser und effektiver in ihrer Arbeit ist, je mehr dieser Führungsstile sie beherrscht.

Nachdem in den beiden vorangegangenen Abschnitten aufgezeigt wurde, welches die Erfolgsfaktoren für Organisationen und Manager sind, wird im Folgenden geklärt, welche Auswirkungen Emotionale Intelligenz auf die unterschiedlichen Anwendungsbereiche hat.

Kerngedanken

- Für Unternehmen existieren vier Kernaufgaben, die erfüllt werden müssen um langfristig wettbewerbsfähig zu bleiben
- Manager brauchen ein bestimmtes Fähigkeitenbündel um langfristig erfolgreich zu sein
- Als Manager muss man über einen gewissen Grad an EI verfügen um effektiv der Situation angepasste Führungsstile zu verwenden
- Auch ohne EI kann man in Hierarchien aufsteigen, aber nur bis zu gewissen Graden (hier greift das Modell nach Peter)

7. EI als Soft Skill für Manager

Führungskräfte werden in der heutigen Wirtschaftswelt nach der Fähigkeit Ziele zu erreichen bewertet und teilweise auch danach entlohnt. Dies erfordert meist Entscheidungen unter Druck und Unsicherheit in einer komplexen und mit Informationen überladenen Umwelt zu treffen. Führungskräfte müssen in diesem Umfeld eine emotional intelligente Organisation schaffen, um diesen Herausforderungen gerecht zu werden. Emotionale Reife kann helfen die eigenen Gedankengänge bei der Lösung chaotischer Anforderungen effektiv einzusetzen. Dies trägt zur strategischen Entscheidungsfindung bei (Wallace et al., 2005, S. 83).

Bei der Betrachtung der Emotionalen Intelligenz geht es aber nicht darum, andere Faktoren wie kognitive Intelligenz oder technisches Verständnis als unwichtig darzustellen. Diese sind weiterhin enorm wichtige Teile einer starken Führungskraft. Aber erst der lange vernachlässigte Faktor der Emotionalen Intelligenz macht das Bild komplett. Wurde dieser Faktor lange als eine nützliche, aber nicht notwendige Beigabe zu den anderen Teilen verstanden, so kann heute festgestellt werden, dass es für hocheffektive Führungskräfte unerlässlich ist auch Emotionale Intelligenz zu besitzen (Goleman 1998, S. 91).

Egal ob eine Person formal als Führungskraft benannt wurde, oder aber im Kontext ihrer Arbeit als solche auftritt, sie muss immer mit dem Erkennen der Bedürfnisse ihres Gegenübers und den Nuancen einer Situation arbeiten, um positive Ergebnisse zu erzielen (Dearborn, 2002, S. 524). Eine Führungskraft kann das beste Training der Welt, einen scharfen und analytischen Verstand und jede Menge Ideen haben. Ohne Emotionale Intelligenz wird sie aber trotzdem in ihrer Position scheitern (Goleman, 1998, S. 82).

Aber gerade der Grundstein für das Konstrukt der Emotionalen Intelligenz, die Selbstwahrnehmung, wird von vielen Führungskräften bei der Auswahl von Personal vernachlässigt und als Schwäche und Gefühlsduselei abgetan. Selbiges gilt für den zweiten Baustein, die Fähigkeit der Selbstregulierung. Der ruhige und kontrollierte Umgang mit Emotionen wird oftmals als das Fehlen von Passion für die Arbeit fehlinterpretiert (Goleman, 1998, S. 85).

Hier findet mittlerweile jedoch ein spürbarer Umdenkprozess statt. Nach Aussage von Michas (2007) werden gerade diese Faktoren heute oftmals bei Bewerbern, gerade im Rahmen von Assessmentcentern, abgeprüft. Hier stehen die Fähigkeiten emotional zu denken und zu führen im Fokus, um Mitarbeiter mit der nötigen Passion zu finden (Michas, 2007).
Die Motivation ist nach Goleman (1998, S. 88f.) der einzige Faktor, der bei allen erfolgreichen Führungskräften gefunden werden kann. Hierbei geht es aber vor allem um die Motivation ein Projekt erfolgreich

abzuschließen, als um die Motivation durch gute Bezahlung. Das heißt es handelt sich also um intrinsische Motivation. Solche Führungskräfte sind z.B. an Ihrer Bekenntnis zur Unternehmen und zu ihrer Arbeit zu erkennen.

Die effektive Führungskraft ist inspirierend, motivierend, erzeugt eine starke Bindung zur Arbeit und ist stets bemüht seine Fähigkeiten der Emotionalen Intelligenz weiter auszubauen. Entsprechend der unterschiedlichen situativen Anforderungen wird die Führungskraft zwischen den einzelnen Führungsstilen wählen (Dearborn, 2002, S. 526). Emotionale Intelligenz hilft hier die Situation richtig zu erfassen und den passenden Stil auszuwählen.

Die Fähigkeit der Empathie wird oft fehlinterpretiert. So wird oft behauptet, dass Führungskräfte, die durch ihre empathischen Fähigkeiten die Gefühle der Belegschaft aufnehmen, nicht in der Lage seien auch harte Entscheidungen zu treffen. Der Unterschied liegt aber in der Tatsache, dass diese Führungskräfte nicht einfach sympathisieren, sondern ihr Wissen in den Dienst den Unternehmens stellen und dieses damit in kleinen aber wichtigen Schritten verändern (Goleman 1998, S. 90).

Um seine eigene Emotionale Intelligenz zu entwickeln, sollte man seine emotionalen Reaktionen in der Interaktion mit anderen beobachten und hinterfragen, in wie weit man auf die Gefühle der anderen eingeht und nicht nur auf die eigenen. Jeder Mensch nimmt seine Emotionen überall mit hin, es ist nicht möglich diese auszuschalten (Simonovich 2006, S. 31).

Eine Führungskraft muss sich ihrer Emotionalen Intelligenz bewusst werden und sollte nur die Führungsstile anwenden, für die die entsprechenden Fähigkeiten vorhanden sind. Die fehlenden Stile können entweder über den Weg des Erlernens angeeignet werden, oder besser noch über ein Team, das in den einzelnen Personen das ganze Portfolio der Stile abbildet und als Gesamtheit effektiv arbeiten kann (Goleman, 2000, S. 89f.).

Die Fähigkeit mit seinen Emotionen umgehen zu können beeinflusst maßgeblich die aktuelle persönliche Stimmung und somit auch die eigene Meinungsbildung. Wie Ciarrochi et al. in ihrer Studie feststellen konnten, neigten Probanden mit einer positiven oder negativen Stimmung und einem niedrigen Emotionalen Bewusstsein dazu, ihre Urteile von dieser Stimmung stark beeinflussen zu lassen (Ciarrochi et al., 2002, S. 1488). Entsprechend können Personen mit einem hohen Emotionalen Bewusstsein sich über ihre Emotionen besser klar werden und diese entsprechend bei der Urteilsbildung ausblenden, bzw. die Wirkung der eigenen Stimmung einschätzen. Allerdings kann eben dieses Bewusstsein dazu führen, dass eine überdeutliche Korrektur der Gefühle vorgenommen wird, was wiederum zu einer beeinflussten Urteilsbildung führt (Ciarrochi et al., 2002, S. 1489).

Die konsequente Anwendung der Fähigkeiten der Emotionalen Intelligenz durch den Manager kann dazu führen, dass auch ihre Untergebenen bessere Problemlösungsstrategien, basierend auf Emotionaler Intelligenz, einsetzen können. Die Wahrnehmung der Fähigkeiten des Vorgesetzten durch die Mitarbeiter kann positive Auswirkungen auf die Fähigkeiten zur Problembehandlung, Konfliktlösung, aber auch die Arbeitsleistung haben (Rahim et al., 2002, S. 320). Hier greift das Verhalten des Vorgesetzten als Vorbildfunktion und kann dazu führen, dass entsprechendes Verhalten nachgeahmt wird.

Entsprechend sollten Manager nach Goleman (1998, S. 251) je nach ihrer Position und Aufgabe ein Coaching für die Entwicklung ihrer Emotionalen Kompetenz bekommen. Dieser Aspekt wird weiter unten noch ausführlicher betrachtet.

EI in der Teamarbeit

Aufgrund des zunehmend stärkeren Einsatzes von temporären Teams ergeben sich für das Management zunehmend mehr Aufgaben der effektiven Teamführung (Wallace et al., 2005, S. 84). Welche Faktoren sind aber dafür ausschlaggebend, dass ein Team erfolgreich arbeitet?

Nach Prentice und Hall (1998, S. 348) beruht die Effektivität eines Teams darauf, dass gemeinsame Ziele und Methoden der Arbeit entwickelt werden, wobei das Klima im Team entscheidend dafür ist, dass die Arbeit offen und ehrlich ablaufen kann und Konflikte in konstruktiver Weise genutzt werden können. Der Auswahl der Teammitglieder und deren Rollenverteilung in einem ausgewogenen Verhältnis kommt dabei eine Schlüsselrolle zu (Prentice et al., 1998, S. 348). Das Bewusstsein der Emotionen und Empathie stellen die fundamentalen Bausteine für die Einschätzung von Teamarbeit, Gruppendynamik, kultureller Vielfalt und deren Management dar (Wallace et al., 2005, S. 84). Somit können diese als entscheidend für das effektive funktionieren eines Teams betrachtet werden.

Wie in Abbildung 6 dargestellt ist, besteht ein wesentlicher Zusammenhang zwischen der Emotionalen Intelligenz einer Führungskraft und der erfolgreichen und effizienten Arbeit des Teams. Dabei spielen neben den grundlegenden emotionalen Fähigkeiten auch die

Persönlichkeit der Führungskraft und die Dynamik des Teams eine entscheidende Rolle. Beide Bausteine greifen dabei wiederum auf unterschiedliche Komponenten und Fähigkeiten aus den Modellen der Emotionalen Intelligenz zurück. So beeinflussen die emotionalen und persönlichen Fähigkeiten der Führungskraft, aber auch jene der einzelnen Teammitglieder maßgeblich das Verhalten in der Zusammenarbeit.

Am Ende wirken die Führungskraft und das Team in ihrer Ganzheit zusammen, um eine effektive Teamarbeit zu ermöglichen oder diese nur in einem gewissen Grad zu erreichen.

Ein effektiv arbeitendes Team bietet den Mitgliedern Geschlossenheit, Innovationsfreude und Unterstützung. Emotional intelligente Personen können diese Faktoren besser in einem Team ausleben (Prati et al., 2003, S.34). So können die Mitglieder innerhalb des Teams besser mit den entstehenden Emotionen umgehen und ihre eigenen darauf anpassen. Dies führt dazu, dass ein Team mit emotional intelligenten Mitgliedern seine Arbeit effektiver erfüllen kann (Prati et al., 2003, S. 34f.). Entsprechend groß kann der Vorteil sein, wenn Manager und andere Führungskräfte in der Organisation diese Wichtigkeit erkennen und sie nutzen, um die Arbeit erfolgreicher zu machen (Rapisarda, 2002, S. 375).

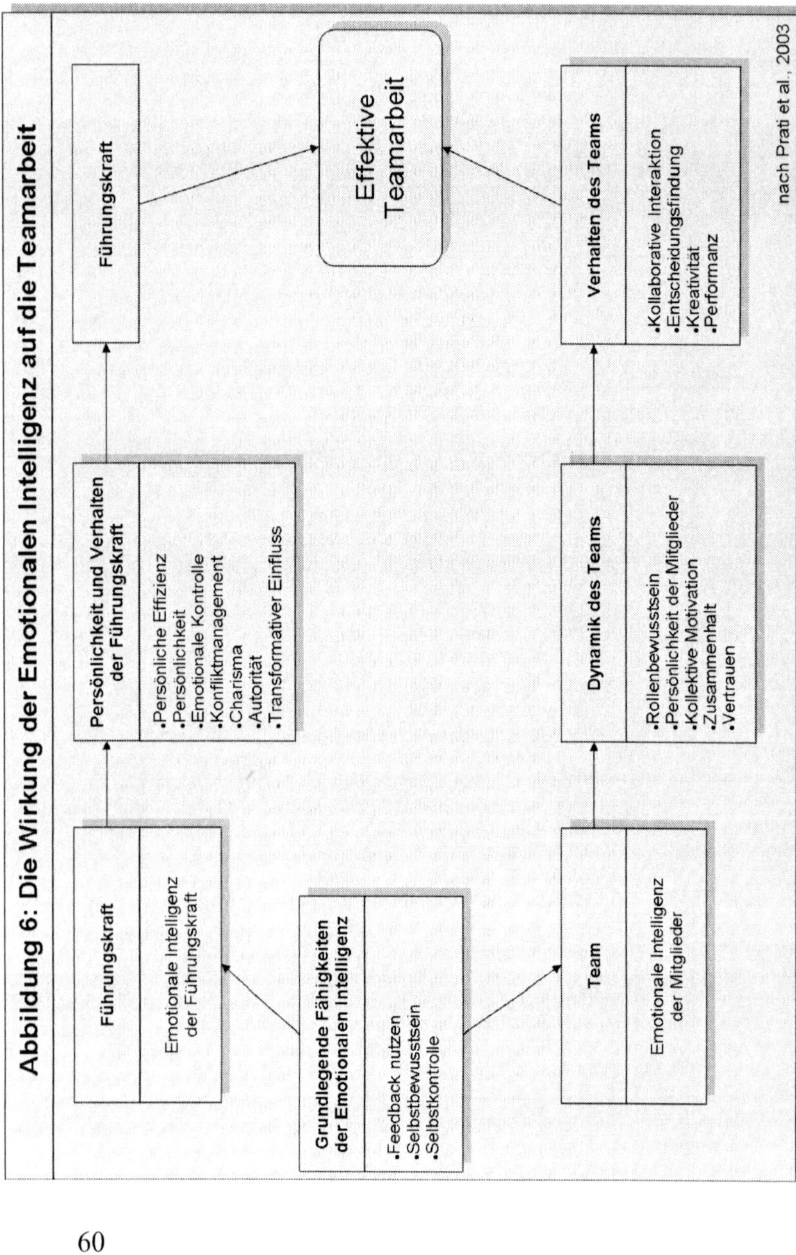

Abbildung 6: Die Wirkung der Emotionalen Intelligenz auf die Teamarbeit

Eine Studie von Feyerherm und Rice (2002) hat ebenfalls die mögliche Korrelation zwischen Emotionaler Intelligenz in einem Team, der Emotionalen Intelligenz des Teamleiters und der Arbeitsleistung des Teams untersucht. Dabei wurde festgestellt, dass es bei einigen der Bewertungsparameter eine positive Korrelation zwischen der Leistung des Teams und der Bewertung der Emotionalen Intelligenz des Teamleiters gibt, wie dies in Abbildung 6 dargestellt ist. Bei der Auswertung der Emotionalen Intelligenz innerhalb des Teams und der Leistung des Teams konnte aber keine eindeutige Korrelation festgestellt werden (Feyerherm, Rice, 2002, S. 357).

Als Ergebnis dieser Studien kann also die Wichtigkeit der Emotionalen Intelligenz des Teamleiters für die Leistung der Teamarbeit festgehalten werden. Über den Einfluss der Emotionalen Intelligenz für Leistung innerhalb des Teams gehen die Ergebnisse der Studien auseinander.

EI und Human Ressource Management

Manager brauchen Emotionale Intelligenz um das richtige Personal auszuwählen (Rozell et al., 2006, S. 121). Emotionale Intelligenz kann als Ressource gesehen werden, die Organisationen helfen kann, Ziele besser zu erreichen und die Mitarbeiter zu inspirieren bessere Leistungen zu erbringen (Boyatzis et al., 2003, S. 1).

Organisationen können somit auf vielfältige Weise davon profitieren emotional intelligente Manager einzustellen oder ihr Personal entsprechend weiterzubilden. So kann die Messung der Emotionalen Intelligenz bei der Einstellung neuer Mitarbeiter, bei der Besetzung von Stellen oder der Zusammenstellung von Teams dazu führen, eine bessere Zuordnung der Mitarbeiter auf die Anforderungen der Aufgaben zu gewährleisten (Prati et al., 2003, S.35).

Allerdings ist es kaum sinnvoll und angebracht, den Spitzenführungskräften von Organisationen die entsprechenden Kompetenzen durch Trainingsmaßnahmen beibringen zu wollen. Vielmehr sollte bei den Organisationen ein Umdenken einsetzen und die Einstellungspolitik verstärkt in die Richtung gehen, dass direkt Manager mit hoher Emotionaler Kompetenz eingestellt werden (Rahim et al., 2002, S. 321).

Es besteht zwar grundsätzlich die Möglichkeit bei einem bestehenden Personalstamm durch Coachingmaßnahmen die Fähigkeiten der Emotionalen Intelligenz auf- und auszubauen, jedoch sollte hierbei eine gewisse Basis vorhanden sein, da das Coaching langfristig angelegt ist und auch nur unter gewissen Voraussetzungen Erfolg versprechend ist.

Die Messung von Emotionaler Intelligenz bei der Einstellung von Mitarbeitern, gerade in belastenden Positionen (hoher Grad an Stress), kann dazu beitragen eine wesentlich bessere Auswahl zu treffen und damit eine effektivere Aufgabenerfüllung auf der jeweiligen Position zu gewährleisten. Dies ist damit begründet, dass emotional intelligente Mitarbeiter wesentlich besser mit dem hohen Druck und Stress umgehen können (Nikolaou et al., 2002, S. 338).

Ein amerikanisches Unternehmen (der Name wurde in der Studie nicht veröffentlicht) nutzte Coachingmaßnahmen die unter anderem auf den Ausbau der Emotionalen Intelligenz der Führungskräfte auf allen Ebenen abzielte. Das Führungskräftecoaching wurde an Alltagsbeispielen durchgeführt und konnte dem Unternehmen reale Einsparungen in erheblicher Größe sichern (Boyatzis et al., 2003, S. 5). Die US Air Force hat in einem groß angelegten Versuch den EQ-i nach Bar-On verwendet um neue Rekruten-Anwerber auszuwählen. Es wurde festgestellt, dass die erfolgreichsten Anwerber signifikant höhere Ergebnisse bei Durchsetzungsvermögen, Empathie, Fröhlichkeit und Selbst-Bewusstsein hatten, als ihre weniger erfolgreichen

Kollegen. Mit dem Einsatz des EQ-i konnte die erfolgreiche und gezielte Auswahl von Anwerbern extrem verbessert werden (Cherniss, 2004, S. 1). Im normalen Auswahlverfahren wurden pro Jahr etwa 100 Fehlbesetzungen vorgenommen. Diese konnten mit Hilfe des EQ-i um 92% reduziert werden. Dies führte bei der US Air Force zu Einsparungen von jährlich annähernd 3 Millionen US$ (Bar-On, 2006, S. 15).

Zudem ist es für die Zukunft vorstellbar, dass bei einer Weiterentwicklung der wissenschaftlichen Forschung und der Steigerung des Bekanntheitsgrades des positiven Ergebnisse die Emotionale Intelligenz ein wichtiges Standardwerkzeug zur Auswahl und Entwicklung von Bewerbern werden kann (Rozell et al., 2006, S. 120).

EI und Leistung

Eine der ersten Studien, die den Zusammenhang zwischen der Leistung von Personen und Emotionaler Intelligenz im praktisch angewendeten Umfeld bewiesen haben, war die oben bereits angesprochene Studie der US Air Force mit Hilfe des EQ-i.

Eine Studie von Rozell et al., die den Zusammenhang zwischen Emotionaler Intelligenz und dem Erfolg von Vertriebspersonal erforschen sollte, konnte feststellen, dass eine Korrelation in vielen Teilen der theoretischen Modelle vorliegt (Rozell et al., 2006). Die Probanden wurden aufgrund ihrer Ergebnisse in drei erfolgsabhängige Gruppen aufgeteilt und deren Emotionale Intelligenz in verschiedenen Dimensionen untersucht. Dabei konnte im Ergebnis festgestellt werden, dass beim emotionalen Bewusstsein und bei der Kontrolle von Emotionen große Unterschiede in den Testergebnissen zwischen den Top-Leuten und den unterdurchschnittlichen Mitarbeitern zu finden waren (Rozell at al, 2006, S. 119).

Die Erkenntnis, dass diese Faktoren der Emotionalen Intelligenz eine so wichtige Rolle spielen, sollte direkt bei der Auswahl von Vertriebspersonal berücksichtigt werden. Abgesehen davon kann ein Erkennen der Defizite im Bereich der Emotionalen Intelligenz dazu beitragen den Erfolg zu steigern, wenn entsprechend angepasste Coachingmaßnahmen mit den Mitarbeitern durchgeführt werden (Rozell et al., 2006, S. 120).

Allerdings stellt sich das Bild der Studien sehr indifferent dar. Nach Côté und Miners (2006, S. 2) spalten sich die Untersuchungen in ein Lager, dass durchaus einen Zusammenhang zwischen Emotionaler Intelligenz und Arbeitsleistung herstellen kann. Auf der anderen Seite liegen auch Studien vor, die einen solchen ausschließen. Aus diesen unterschiedlichen Ergebnissen haben Côté und Miners die Idee entwickelt, dass sich Fähigkeiten der Kognitiven und Emotionalen Intelligenz gegenseitig kompensieren können. Dies würde erklären, warum die

Ergebnisse so unterschiedlich ausgefallen sind (Côté et al., 2006, S. 3).

Die Fähigkeiten der Kognitiven und Emotionalen Intelligenz bei einer Person fördern und begünstigen sich gegenseitig. So kann logisches Denken fehlgeleitete Gefühlsimpulse in richtige Bahnen lenken, und Gefühle helfen z.B. durch Kreativität bei der Lösung von eigentlich kognitiven Problemen (Cooper et al., 1997, S. 39).

In Ihrer Definition greifen Côté und Miners auf das Modell von Mayer et al. zurück. Ihre Grundidee sagt aus, dass Personen, die eine sehr niedrige Kognitive Intelligenz haben, trotz allem erfolgreich sein können. Dies ist darauf zurück zu führen, dass aufgrund der niedrigen Kognitiven Intelligenz großer Raum für die Verbesserung der Arbeitsleistung vorhanden ist. Hat die betreffende Person nun eine hohe Emotionale Intelligenz, so können die dadurch vorhandenen Fähigkeiten die fehlenden kognitiven Fähigkeiten kompensieren (Côté et al., 2006, S. 6). Dazu kommt, dass solche Personen aufgrund ihrer hohen Emotionalen Intelligenz besser in der Lage sind ihre eigenen Emotionen zu handhaben und effektiver Netzwerke und soziale Beziehungen aufzubauen. Diese können ihnen wiederum durch Unterstützung und Rückhalt durch das Netzwerk bei der Erfüllung ihrer eigentlichen Aufgabe helfen. Als weiteren Faktor nennen die Autoren die Fähigkeit, dass die Personen besser in der Lage sind ihre Emotionen zu kontrollieren und diese für eine bessere Motivation und eine qualitativ höhere Entscheidungsfindung zu nutzen (Côté et al., 2006, S. 7). Die Ergebnisse der Studie von Côté und Miners (2006, S. 18f.) konnten die oben angeführten Thesen deutlich beweisen. So kann ein Mitarbeiter mit eher schlechten kognitiven Werten trotz allem eine hohe Arbeitsleistung erbringen, wenn diese durch hohe emotionale Werte kompensiert werden. Die Begründung dafür sehen die Autoren in der Tatsache, dass bei fast allen Tätigkeiten effektive soziale Interaktion, das Treffen guter Entscheidungen und hohe Motivation eine wichtige Rolle spielen.

Nach der Studie von Rozell et al. (2006, S. 121) zeichnen sich effektive Vertriebsmitarbeiter durch eine Fähigkeit aus, die sie als „Style Flexibility" bezeichnen. Diese ermöglicht es die Empfindungen und Gefühle des Gegenübers zu erkennen und die Kommunikation entsprechend darauf einzustellen. Dies geschieht unter der Zuhilfenahme der Fähigkeiten der Emotionalen Intelligenz. Die Emotionen und Kommunikation der jeweiligen Situation werden evaluiert und dann entsprechend angepasst, so dass eine optimierte interpersonelle Interaktion erreicht werden kann (Rozell et al., 2006, S. 121). Die Fähigkeit der Empathie ermöglicht es, sich optimal auf den Kunden einzustellen und sich so anzupassen, dass dies den Kundenwünschen entspricht. Zudem spielt die Kontrolle über die eigenen Emotionen eine kritische Rolle. Denn nur wenn der Vertriebsmitarbeiter seine Emotionen unter Kontrolle hat, ist er in der Lage sich flexibel auf die Kommunikation mit dem Kunden einzustellen und zu verhindern, dass seine aktuelle Gefühlslage den Verkaufsprozess in unerwünschter Weise beeinflusst (Rozell et al., 2006, S. 120).

Eine einjährige Studie im Bereich der Finanzdienstleistungen hatte zum Ziel herauszufinden, ob Coaching von emotionaler Kompetenz eine Verbesserung der Verkaufsleistung und Lebensqualität als Resultat hat. Dazu wurden die Probanden über ein Jahr individuell betreut. Als Ergebnis konnte festgestellt werden, dass die Verkäufe der unterschiedlichen Gruppen zwischen 18% und 46% anstiegen und die Produktivität im Schnitt um 25% wuchs. Zusätzlich berichteten die Probanden, dass der Stress-Level über das Jahr um 29% abgenommen hatte und das empfundene emotionale Wohlbefinden um 24% anstieg (Luskin et al., 2005, S. 1). Um die Emotionale Intelligenz der Probanden festzustellen wurde der EQ-i von Bar-On verwendet (Luskin et al., 2005, S.2).

Eine Studie an einer australischen Universität konnte zeigen, dass ein Zusammenhang zwischen Emotionaler Intelligenz und den Leistungen im Examen bestand. So konnte bei den Studenten mit hohen Werten in den EQ Tests ebenfalls ein hoher Wert bei den Examensarbeiten festgestellt werden (Ashkanasy, 2003, S.20). Die Initiatoren der Studie betonen die Wichtigkeit von Emotionaler Intelligenz gerade auch in der Ausbildung von Führungskräften und den Zusammenhang mit der Leistungsfähigkeit von Teams. So sollte trotz der noch nicht eindeutigen wissenschaftlichen Meinung schon heute Emotionale Intelligenz Bestandteil der Curriculen der Führungskräfteausbildung sein (Ashkanasy, 2003, S.21).

Es konnte außerdem in Studien festgestellt werden, dass die Vorhersage der Arbeitsleistung durch kognitive und emotionale Intelligenz abhängig von den verschiedenen emotionalen Anforderungen der unterschiedlichen Berufe ist (Côté et al., 2006, S. 19). So ist es möglich für bestimmte Berufsbilder spezifische Profile zu erstellen, die dann bei der Qualifizierung und der Auswahl von Personal herangezogen werden können.

Kerngedanken

- Als Manager bringt EI ausschließlich Vorteile
- Vorhandene EI und der bewusste Umgang mit ihr machen viele Aufgaben leichter erfüllbar
- EI spielt in der Teamarbeit eine zentrale Rolle, da sie maßgeblich den Zusammenhalt und die Zusammenarbeit beeinflusst
- Es wurde in mehreren Studien festgestellt, dass ein hoher Grad an EI positiv auf die Leistung wirkt
- Dennoch kann EI nicht zur Vorhersage von Leistung als absoluter Indikator verwendet werden

8. EI und persönliche Entwicklung

Ein frühes Forschungsprojekt, das den Zusammenhang zwischen dem Grad des IQ und den emotionalen Fähigkeiten erforscht hat, war die so genannte Summerville Studie. In dieser über 40 Jahre laufenden Studie wurden 450 Jungen beobachtet, die in Summerville aufwuchsen. Zwei Drittel der Jungen kamen aus Familien die von der Wohlfahrt unterstützt wurden, ein Drittel hatte einen IQ von unter 90 Punkten. Die Ergebnisse der Studie zeigten, dass der IQ sehr wenig mit dem Erfolg in beruflicher und privater Hinsicht zu tun hatte. Vielmehr waren Faktoren wie der Umgang mit Frustration, die Kontrolle von Emotionen und die Interaktion mit anderen von entscheidendem Ausmaß. So wurde beobachtet, dass viele der Probanden mit eher niedrigen IQ Werten sehr erfolgreich in ihrem Leben waren. Auf der anderen Seite gab es ebenfalls Beispiele für Probanden mit hohen IQ Werten, die nur mittelmäßig oder kaum erfolgreich ihr Leben meisterten (Snarey et al., 1985, in Cherniss, 2000, S. 5).

In einer Studie von Absolventen des Henley General Management Course konnten Dulewicz und Herbert (1999) feststellen, dass Emotionale Intelligenz stark zum vorankommen im Beruf beiträgt. Die ausschlaggebenden Faktoren für die Karriereentwicklung wurden in IQ, EQ und den Management-Quotienten (MQ) aufgeteilt. Zu den IQ-Fähigkeiten zählten Analyse, Urteilsvermögen, Planung, Organisation, Strategische Perspektive,

Kreativität und Risikobereitschaft. Die EQ- Fähigkeiten entsprachen den oben diskutierten Modellen. In die Gruppe der MQ-Fähigkeiten wurden Führung, Kommunikation, Sinn für Wirtschaft, Initiative und Zuverlässigkeit zusammengefasst (Dulewicz et al., 2003, S. 196).

Die Gruppe wurde sieben Jahre nach der initialen Befragung erneut befragt, um eine eventuelle Entwicklung zu erkennen. Die Regressionssanalyse der Ergebnisse zeigte auf, dass die Weiterentwicklung der Manager zu 27% den IQ-Fähigkeiten, zu 36% den EQ-Fähigkeiten und zu 16% den MQ-Fähigkeiten zu zurechnen ist. Somit konnte nach Meinung der Autoren eindeutig festgestellt werden, dass die Erfolgsformel IQ + EQ = Erfolg durchaus zutreffend ist. Daneben wird auch klar, welche wichtige Rolle die Emotionale Intelligenz bei der Weiterentwicklung von Managern spielt (Dulewicz et al., 2003, S. 196). Auch konnten die Ergebnisse zeigen, dass zwischen den unterschiedlichen Hierarchiestufen ein deutlicher Zusammenhang im Bezug auf den Grad an Emotionaler Intelligenz vorhanden ist (Dulewicz et al., 2003, S. 205f.).

In einer weiteren Studie, die in Zusammenarbeit mit der Royal Navy durchgeführt wurde, konnten die in den früheren Studien gewonnenen Ergebnisse bestätigt werden. Demnach kann davon ausgegangen werden, dass eine Person, die in den Bereichen IQ, EQ und MQ gute Werte erzielt, sich besser in Ihrer Tätigkeit entwickeln wird als Personen mit vergleichsweise niedrigen Ergebnissen (Dulewicz et al., 2005, S. 80). Es wurde weiterhin untersucht, in wie weit die These von Goleman, dass der EQ bei erfolgreichen Menschen eine wichtigere Rolle spielt als der IQ, zutreffend ist. Durch normale und hierarchische Regressionsanalysen konnte festgestellt werden, dass die EQ-Werte einen überdurchschnittlich hohen Beitrag zum Erfolg beitrugen. In sofern kann Golemans These (Goleman, 2005), dass eine Person mit durchschnittlichem IQ, aber überdurchschnittlichem EQ mit hoher Wahrscheinlichkeit Erfolg haben wird, unterstrichen werden (Dulewicz et al., 2005, S. 81).

In einer international angelegten Studie konnten Rahim et al. (2002) feststellen, dass es zwischen Emotionaler Intelligenz und Strategien zum Konfliktmanagement eine Vielzahl von Zusammenhängen gibt. Dazu wurden 1395 berufstätige ehemalige MBA Studenten in sieben Ländern befragt. Die Ergebnisse sind meist länderübergreifend gleich und wiesen nur in Teilen Unterschiede auf (Rahim et al., 2002, S. 317ff.). Wie in Abbildung 7 dargestellt, bestehen enge Verbindungen zwischen den Faktoren der Emotionalen Intelligenz. Dieses Modell ist vor allem deswegen interessant, weil hier die Zusammenhänge der einzelnen Komponenten der Emotionalen Intelligenz in ihrer Wechselwirkung dargestellt sind.

Wie schon in den Modellen der Emotionalen Intelligenz ist der Ausgangspunkt das Selbstbewusstsein. Von ihm werden Empathie, Selbstregulierung und Soziale Fähigkeiten beeinflusst, wobei auch zwischen diesen Querverbindungen vorhanden sind. Wie aus der Abbildung hervorgeht, haben diese vier Basiselemente nach Goleman unmittelbaren Einfluss auf die Motivation. Diese wiederum beeinflusst maßgeblich die Entwicklung von Verhandlungs- und Problemlösungsstrategien.

In Zeiten der schnellen Veränderungen der Wirtschaftswelt müssen Führungskräfte ein Klima für das effektive und effiziente Arbeiten in der Organisation schaffen. Ein Fundament dafür ist nach Ansicht von Lash (2003, S. 204) die Emotionale Intelligenz. In der heutigen Wirtschaftswelt sind bis zu 30% der Unternehmensergebnisse abhängig vom Betriebsklima. Dieses wird wiederum zu 70% von den Kompetenzen der Manager und deren agieren beeinflusst (Lash, 2003, S. 201). Die dafür notwendigen Kompetenzen sind unter dem Stichwort Emotionale Intelligenz zusammen zu fassen.

Manager haben in ihrer Führungsrolle in der Regel mit einem sehr heterogenen Mitarbeiterstamm zu tun. Für diese Heterogenität muss der Manager sensibilisiert werden. Das wichtigste Element dabei ist die Selbstwahrnehmung. Diese Wahrnehmung der eigenen Gefühle ist die Voraussetzung dafür zu verstehen, wie die eigene Wirkung auf andere ist. Die eigenen Reaktionen wahrzunehmen und einordnen zu können ist Voraussetzung dafür, ähnliche Reaktionen auch bei anderen Menschen zu verstehen (Schlesiger et al., 2007, S. 129).

Nach Lash (2003, S. 203) konnte eine Untersuchung bei Siemens zeigen, dass die besten Führungskräfte sich insbesondere durch vier Kompetenzen der Emotionalen Intelligenz auszeichneten. Diese waren Leistungswille, Eigeninitiative, Zusammen- bzw. Teamarbeit und Teamführung. Hingegen konnten keine technischen oder kognitiven Fähigkeiten identifiziert werden, die bei den Testpersonen durchgängig vorhanden waren (Lash, 2003, S. 203).

Es muss festgehalten werden, dass grundsätzlich auch Personen, die keine oder nur wenig Emotionale Intelligenz besitzen überaus erfolgreich sein können, wenn andere erfolgbeeinflussende Faktoren überdurchschnittlich vorhanden sind (Mayer, 2007). „Solche Personen profitieren oftmals von alten Netzwerken, die über Jahre aufgebaut wurden. Ihr Weg ist aber meist von einer großen Zahl ‚emotionaler Leichen' gepflastert." (Michas, 2007).

Abbildung 7: Zusammenhang der Komponenten Emotionaler Intelligenz

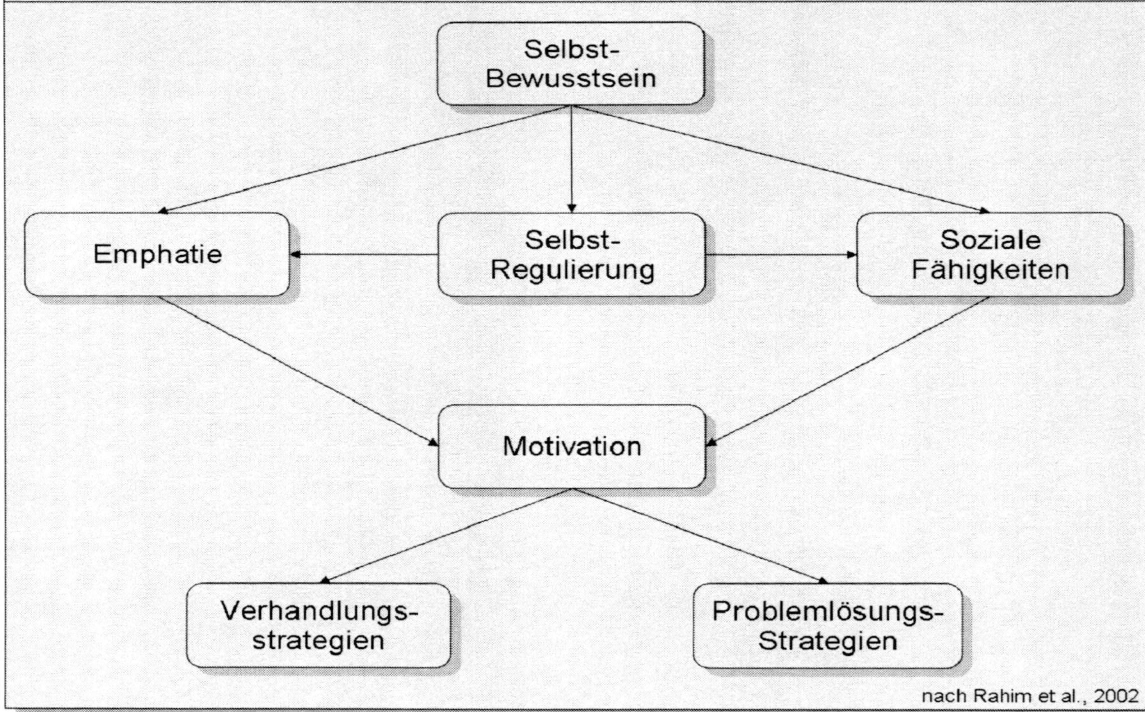

Das Besitzen von Emotionaler Intelligenz trägt zum eigenen emotionalen Wohlbefinden einer Person bei, aber auch zu dem der Personen in ihrer Umgebung (Mayer, 2007). Durch die geführte Diskussion kann es erscheinen, dass ein Leben ohne Emotionale Intelligenz in hohem Maße problematisch sein müsste. Jedoch gilt es hierbei zu beachten, dass Emotionale Intelligenz nur einen Teil einer Persönlichkeit darstellt. Es kann also festgehalten werden, dass Emotionale Intelligenz ein sehr wichtiger Teil der Persönlichkeit ist, aber eben nur ein Teil (Mayer, 2007). Zudem „ist es auch so, dass das Fehlen Emotionaler Intelligenz massive Auswirkungen auf das Umfeld der Person hat. Wenn z.B. Führungskräfte Emotionale Intelligenz vermissen lassen, wird die Organisation unter ihnen dadurch beeinflusst. Diese dürfte dann kaum in ihrem Wirken selbst Emotionale Intelligenz anwenden. In so fern ist es aus der Perspektive der Person selbst eher weniger kritisch, dass Emotionale Intelligenz fehlt, wohl aber für das gesamte Umfeld.“ (Michas, 2007).

Es besteht zudem ein enger Zusammenhang zwischen dem Grad der Emotionalen Intelligenz und der kognitiven Leistung. In einer Studie von Lam et al. (2002, S. 133) konnte aufgezeigt werden, dass die Faktoren der Emotionalen Intelligenz die kognitiven Leistungen erklären konnten. Es wurde festgestellt, dass neben der generellen Intelligenz das Erkennen und Regulieren von Emotionen dazu beitragen, den Grad der kognitiven Leistung zu beschreiben (Lam et al., 2002, S.

139). In diesem Zusammenhang ist aber auch darauf hinzuweisen, dass Emotionen generell sowohl positive als auch negative Auswirkungen auf die Leistung haben können (Lam et al., 2002, S. 140).

Ein hohes Maß an Emotionaler Intelligenz führt zu dem dazu, dass Stress am Arbeitsplatz besser verarbeitet werden kann (Nikolaou et al., 2002, S. 327). Eine weitere Auswirkung ist die wesentlich höhere Bindung der Mitarbeiter an ihre Arbeit. Diese ist dadurch begründet, dass sich die Mitarbeiter mehr wertgeschätzt und weniger unter Druck fühlen (Nikolaou et al., 2002, S. 338).

Das interpersonelle Element der Emotionalen Intelligenz dient als wichtige Schnittstelle zwischen den intrapersonellen Fähigkeiten und der Arbeitsumgebung. Bei der Arbeit mit anderen Personen wird das intrapersonelle Element erst durch das interpersonelle ins Spiel gebracht und trägt zusammen mit Sensibilität und Einfluss zur Leistung bei (Dulewicz et al., 2004, S. 106).

Kerngedanken

- EI trägt zum allgemeinen Wohlbefinden bei
- Personen mit hoher EI haben weniger Stress
- Für effizientes Management ist EI sehr wichtig und führt zu besseren Ergebnissen
- Wenn ein hoher Grad an EI vorhanden ist, stellt sich das Betriebsklima üblicherweise besser dar

9. EI in Fort- und Weiterbildung

Nachdem in den vorangegangenen Kapiteln die Wichtigkeit der Emotionalen Intelligenz herausgearbeitet wurde, ergibt sich daraus die Frage nach den Möglichkeiten der Entwicklung und Ausbildung dieser Fähigkeiten. Es ist für die Entwicklung von Managern und Organisationen von zentraler Bedeutung, ob Defizite durch Trainings- und Coachingmaßnahmen behoben werden können.

Grundsätzlich ist es möglich vorhandene Fähigkeiten der Emotionalen Intelligenz zu entwickeln. Aufgrund der Tatsache, dass viele Faktoren eine Rolle bei der Entwicklung der Emotionalen Intelligenz spielen ist es sehr schwer festzustellen, wie stark die einzelnen Faktoren Einfluss nehmen. Die Entwicklung ist nach Goleman möglich, jedoch ein langfristiger und herausfordernder Prozess (Goleman, 1998, S. 86f.).

Um eine effektive Führungskräfteentwicklung zu gewährleisten sind neue flexible Ansätze notwendig. Übliche Maßnahmen der Fort- und Weiterbildung versagen hier üblicherweise, weil die Betonung des Individuums bei den Maßnahmen fehlt (Dearborn, 2002, S. 528). Die kurzen, in Organisationen üblichen, Trainingsmaßnahmen können dies nicht leisten. Geeignete Maßnahmen finden sich nur in langfristig angelegtem Coaching (Goleman, 1998, S. 86f.).

Ein Extrembeispiel für das Erlernen von Emotionaler Intelligenz führt Gutstein an (2004, S. 29). In der Zusammenarbeit mit an Autismus erkrankten Personen ist es gelungen ein Programm zu entwerfen, das diesen Emotionale Intelligenz beibringt. Eine spezielle Gruppe von Autisten zeichnet sich durch das fast vollkommene Fehlen Emotionaler Intelligenz aus, und damit verbunden auch der Unfähigkeit mit anderen Menschen sozial zu interagieren. Trotz eines durchschnittlichen oder überdurchschnittlichen IQ haben aus dieser Gruppe nur 12% eine Arbeit. Laut Gutstein ist es in Grenzen möglich den Patienten Emotionale Intelligenz beizubringen. Allerdings ähnelte der Prozess eher dem Erlernen einer Sprache und stellt somit eher eine Art des kognitiven Lernens dar, als eine Entwicklung der Emotionalen Kompetenz. Dennoch sieht Gutstein eine gute Übertragbarkeit der Lernbarkeit auch auf Personen ohne Krankheitsbild (Gutstein, 2004, S. 30).

Das Entwickeln der Emotionalen Intelligenz unterscheidet sich grundlegend vom Erlernen von z.B. kognitiven oder fachlichen Fähigkeiten. Um Emotionale Intelligenz effektiv zu Entwickeln sind nach Goleman und Cheriss (2003, S. 181f.) einige Faktoren besonders wichtig. Grundsätzlich muss es reichhaltige Möglichkeiten zum Üben der erlernten Methoden geben. Dies muss vor allem auch außerhalb der Coachingmaßnahmen im beruflichen und privaten Alltag gewährleistet sein. Es sollte zudem eine ständige Ermutigung und Unterstützung durch dritte erfolgen, damit die neu erlernten Methoden auch gefestigt werden können. Entsprechend müssen auch Personen außerhalb der Coachingmaßnahmen eingebunden werden. Zudem sollten die Vorgesetzten den Lernprozess unterstützen. Diese nehmen eine Vorbildfunktion ein und können maßgeblich dazu beitragen, dass die neuen Fähigkeiten im beruflichen Alltag auch dauerhaft eingesetzt werden können. Um die theoretischen Kenntnisse optimal zu unterstützen, muss aus der Erfahrung gelernt werden. Grundsätzlich sollten die Coachingmaßnahmen nur von emotional intelligenten Trainern und Coaches durchgeführt werden. Nur so kann das Coaching richtig auf die einzelnen Personen zugeschnitten werden. Das Verhältnis zwischen Lehrendem und Lernendem sollte vertrauensvoll sein. Eventuelle Rückschläge müssen auf jeden Fall mit eingeplant werden. Trotz guter Vorbereitung und Erfahrungen werden Rückschläge vorkommen. Um dann nicht in alte Verhaltensmuster zurück zu fallen, braucht es der Unterstützung durch oben genannte Faktoren (Goleman et al., 2003, S. 181f.).

Innerhalb des Unternehmenskontexts ist es wichtig, dass solche Maßnahmen vom Top Management unterstützt werden und als sinnvoll erkannt werden. Ein solches Programm sollte nicht verordnet werden, sondern durch alle Hierarchiestufen hindurch als Chance zur Verbesserung erkannt werden.

Beim Entwickeln der eigenen Emotionalen Intelligenz ist es besonders wichtig, dass eine ausreichend große intrinsische Motivation vorhanden ist. Ein Mensch kann nie genug Emotionale Intelligenz besitzen. Die Gefahr ist eher, dass nur bestimmte Teilbereiche unausgewogen eingesetzt werden. Das schlägt sich entsprechend negativ auf das Führungsverhalten aus (Boyatzis, 2004, S. 30).

Die Auswirkungen eines hohen Grades an Emotionaler Intelligenz bei den Mitarbeitern von Organisationen sind durchweg positiv zu sehen. Eine australische Studie in Unternehmen hat festgestellt, dass Mitarbeiter mit einer hohen Emotionalen Intelligenz weniger Fehlzeiten, eine höhere Bindung zum Unternehmen, eine bessere psychologische Gesundheit, mehr Befriedigung durch ihre Arbeit haben und eher Unterstützung anfordern (Sardo, 2004, S. 15).

Eine Untersuchung von Sardo (2004) konnte am Beispiel eines international tätigen Unternehmens belegen, dass eine Entwicklung der Emotionalen Intelligenz möglich ist. Dazu wurde ein 30-köpfiges Management-Team vor und nach der Durchführung der Coachingmaßnahmen untersucht. Die Ergebnisse sind in Abbildung 8 dargestellt und zeigen, dass die Faktoren der Emotionalen Intelligenz signifikant verbessert wurden und die Teilnehmer ihre Punktzahlen bei den Tests wesentlich erhöhen konnten (siehe Abbildung 8). Zusätzlich wurden die Führungsfähigkeiten der Probanden untersucht. Auch hier wurde nach dem Coachingprogramm eine signifikante Verbesserung der Ergebnisse festgestellt (Sardo, 2004, S. 15ff.).

Ein langfristiges Coaching ist einem kurzen Training definitiv vorzuziehen. Dies begründet sich aus der Natur des Coaching. Zu allererst basiert es auf der Freiwilligkeit, hat also die intrinsische Motivation und die Bereitschaft zur Entwicklung zu Grunde liegen. Dazu bietet es einen in sich geschlossenen Rahmen, der es auch ermöglicht das eigene Handeln intensiv zu reflektieren. Das Coaching versteht sich zudem als Prozess, der langfristig angelegt ist und immer wieder durch Phasen unterbrochen wird, in denen das erlernte praktisch erprobt werden kann. Es kann also der Schritt von der Theorie in die Praxis erfolgen und danach reflektiert werden, wie dies gelungen ist (Michas, 2007).

In so fern entspricht Coaching in vielen Punkten den geforderten Rahmenbedingungen für die Entwicklung der Emotionalen Intelligenz nach Goleman und Cheriss (siehe oben).

Abbildung 8: Testergebnisse vor und nach Coaching

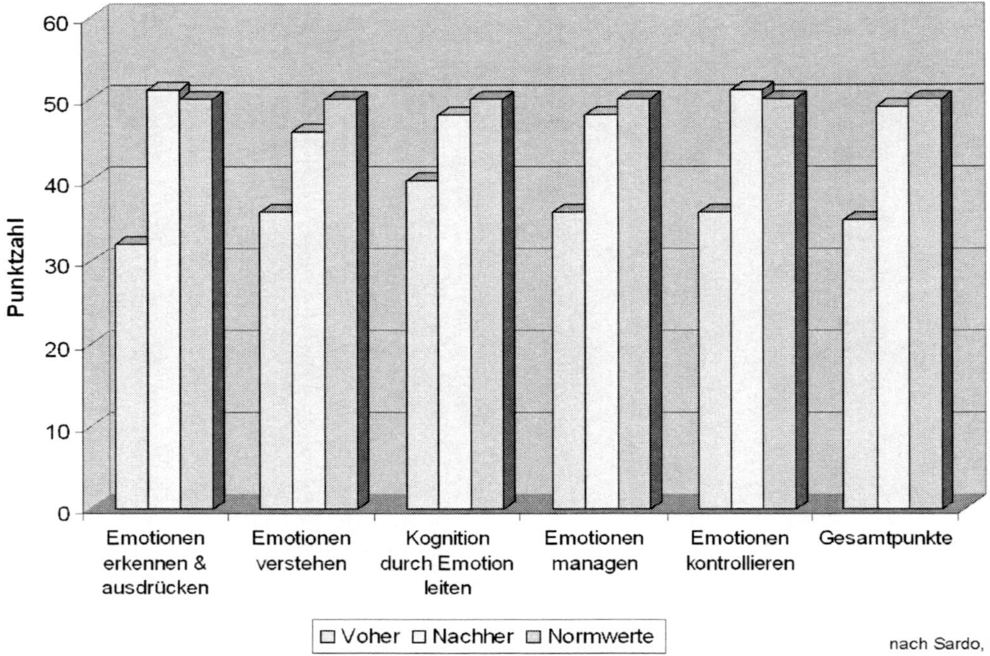

nach Sardo, 2002

Allerdings ist ein Coaching der Emotionalen Intelligenz nicht für alle Personen in einer Organisation gleichermaßen geeignet. Ein Coaching der Emotionalen Intelligenz sollte, ähnlich wie dies im Sport gemacht wird, nur mit den Mitarbeitern durchgeführt werden, die im Ansatz bereits viel versprechende Fähigkeiten zeigen. Bei eher unbegabten Menschen führt auch das Trainieren emotionaler Fähigkeiten zu keinen befriedigenden Ergebnissen (Goldberg, 2004, S. 31). Dies sollte vor allem unter dem Gesichtspunkt beachtet werden, dass der Erfolg eines Coachings von Emotionaler Intelligenz von vielen Faktoren abhängig ist und zudem ein langfristiger Prozess ist.

Generell ist die mögliche Entwicklung der Emotionalen Intelligenz als große Chance für Organisationen einzustufen. Dabei ist aber zu beachten, dass diese bei vielen Menschen gut „versteckt" ist. In diesen Fällen sind die Fähigkeiten zwar vorhanden, aber den betreffenden Personen nicht bewusst und können somit auch nicht von ihnen eingesetzt werden (Michas, 2007).

Die normalen in heutigen Organisationen eingesetzten Trainingsmaßnahmen bewirken oft nur relativ wenig. Dies ist durch den Aufbau und die Dauer der Maßnahmen zurück zu führen. Zudem gibt es in vielen Fällen keinen Nachweis über die Effektivität von solchen Programmen und deren Auswirkung auf den Return in Investment (ROI). Gerade im Bezug auf die Entwicklung von Führungskräften stellt sich die Frage, welche der

Maßnahmen heute noch Erfolg versprechend sind. Wenn die Führungskräfteentwicklung im Bereich der Emotionalen Intelligenz effektiv arbeitet, kann der ROI der Organisation in vielen Bereichen nachhaltig verbessert werden (Dearborn, 2002, S. 523).

Bei der Betrachtung der betriebswirtschaftlichen Aspekte ist auch zu beachten, dass gut ausgebildete Mitarbeiter und Führungskräfte, die mit Emotionaler Intelligenz arbeiten, damit auch ihr Umfeld beeinflussen. Das heißt, dass hier mittelfristig ein Multiplikationseffekt eintritt, der in seiner Wirkung deutlich vorhanden, aber nur schwer monetär fassbar ist (Michas, 2007).

Kerngedanken

- EI kann Entwickelt werden
- Normale Trainings zeigen nur begrenzten Erfolg
- Coaching ist die beste Methode EI zu entwickeln
- Es sollten nur Probanden mit entsprechenden Anlagen in Programme aufgenommen werden
- Erfolge brauchen eine gewisse Zeit (kein kurzfristiger Effekt)
- Mit Coachingmaßnahmen kann die individuelle Leistung signifikant gesteigert werden

10. Kritik

Eines der Grundprobleme Themenbereichs der Emotionalen Intelligenz ist die Unschärfe der Begriffsdefinitionen. Sowohl das Begriffskonstrukt der Soft Skills als auch die Emotionale Intelligenz lassen sich nur sehr schwer fassen und in eindeutigen Modellen definieren. Diese Vielzahl an unterschiedlichen Definitionsansätzen erschwert die Fassbarkeit der Begriffe und somit die konkrete Anwendung im alltäglichen Leben (Wikipedia, 2007b).

Wie Rahim et al. (2002, S. 304) bemerken, beinhalten Modelle, wie die von Goleman, unter dem Label EQ alles außer dem IQ. Sie weisen auch darauf hin, dass es eher schlecht ist, wenn ein Konstrukt wie die Emotionale Intelligenz popularisiert wird, bevor es wissenschaftlich in ein valides und anwendbares Konzept übertragen wird, dass durch entsprechende Studien gestützt wird.

So wurde das Konstrukt der Emotionalen Intelligenz von vielen Autoren behandelt, ohne dass es klare empirische Unterstützung für das Modell gibt. Nach Ansicht von Antonakis (2004, S.171) wurden viele Wissenschaftler und Forscher in den „magischen" Bann des Themas Emotionale Intelligenz gezogen, und betonen die Wichtigkeit des Themas für die Führung und Leistung von Organisationen, ohne dass diese durch stichhaltige Argumente untermauert werden können. Besondere Kritik übt Antonakis an dem sehr breit aufgestellten

Modell von Goleman, das nach seiner Ansicht zu populärwissenschaftlich ist. So konnte die Behauptung Golemans, dass der EQ doppelt so wichtig sei wie der IQ oder die technischen Fertigkeiten, bis heute in keiner Weise wissenschaftlich bewiesen werden (2004, S. 172). Die Hauptkritik von Antonakis richtet sich gegen die These, dass effektive Führung einen hohen Grad an Emotionaler Intelligenz benötigt. Nach seiner Ansicht ist ein normales Maß vollkommen ausreichend, um gute Führungsarbeit zu leisten (2004, S. 176).

Aus der Sicht von Mayer et al. (2004b, S. 249) existieren extrem weit auseinander liegende Standpunkte in der Diskussion um Emotionale Intelligenz. Auf der einen Seite sind die so genannten „Populizer" zu finden, die die Breite und Auswirkung der Emotionalen Intelligenz herausstellen. Diese definieren Emotionale Intelligenz als extrem vielschichtiges Konstrukt und blähen die mögliche Vorhersagbarkeit auf.

Aber es gibt auch die Gruppe derer, die das Konzept der Emotionalen Intelligenz in der momentanen Ausprägung an sich in Frage stellen (Zeidner et al., 2004). Weiterhin wird kritisiert, dass es bis jetzt kaum wissenschaftliche Beweise für den Zusammenhang von Emotionaler Intelligenz und der Arbeitsleistung gibt, wie diese von vielen Autoren beschrieben wird. Die in der Literatur präsentierten Fälle sind nach ihrer Ansicht eher irreführend und beweisen keineswegs wissenschaftlich eindeutig, dass ein Zusammenhang existiert (Zeidner et al., 2004, S 393).

Zaccaro und Horn (2003, S. 779ff.) argumentieren, dass eines der Hauptprobleme der Managementlehre der vorübergehende Glaube auf populäre Ideen und theoretische Modelle ist, ohne das es Beweise für die Verlässlichkeit dieser gibt. Eines der Beispiele dafür ist ihrer Ansicht nach die Emotionale Intelligenz und deren Kerngedanken, dass durch sie die Effizienz der Führung und Organisation verändert werden kann und dies zudem in recht kurzer Zeit möglich ist. Emotionale Intelligenz ist nach ihren Aussagen bisher ohne ausreichende empirische Validität.

In ihrem Artikel „Seven Myth About Emotional Intelligence" stellen Matthews, Roberts und Zeidner (2004, S. 179-192) die konzeptionellen Schwächen des Konstrukts der Emotionalen Intelligenz heraus. Sie wollen damit einer Vielzahl von allgemeinen Annahmen begegnen, die üblicherweise mit der Diskussion um die Emotionale Intelligenz und ihren Auswirkungen verbunden sind. Die sieben Mythen der Emotionalen Intelligenz nach ihnen sind in Tabelle 7 dargestellt.

Tabelle 7: Die 7 Mythen der Emotionalen Intelligenz
• Die Definitionen der Emotionalen Intelligenz sind konzeptionell zusammenhängend
• Die Messmethoden entsprechen standardisierten psychometrischen Methoden
• Selbstauskunft Tests unterscheiden sich von bereits existierenden Persönlichkeitstests
• Tests für die Fähigkeiten der Emotionalen Intelligenz entsprechen den Kriterien für kognitive Intelligenz
• Emotionale Intelligenz verhält sich zu Emotion wie Intelligenzquotient zu Kognition
• Emotionale Intelligenz sagt die adaptive Anpassung voraus
• Emotionale Intelligenz ist von kritischer Bedeutung für Erfolg

nach Mathew et al., 2004

An dieser Stelle ist besonders der letzte Punkt von Interesse. Matthews et al. gehen davon aus, dass es für diese Annahme keinerlei empirische Daten gibt, die eine kausale Verbindung zwischen Emotionaler Intelligenz und den ihre zugeschriebenen positiven Eigenschaften gibt (Matthews et al., 2004, S. 189). Nach Ihrer Meinung muss das Konstrukt der Emotionalen Intelligenz noch wesentliche konzeptionelle, psychometrische und praktische Probleme überwinden, um als ernsthafter und wissenschaftlich solider Ansatz gesehen zu werden. Daneben werden viele der Grundsätze der Emotionalen

Intelligenz nur inadäquat durch empirische Studien untermauert, von denen die Ergebnisse zudem falsch- oder überinterpretiert sind (Matthews et al., 2004, S. 192).

Allerdings sehen die Autoren im Kern der Mythen auch ein großes Entwicklungspotenzial. Sie stellen somit gleichermaßen die größten Schwachstellen und die durch die Forschung zu klärenden Fragen des Konstrukts der Emotionalen Intelligenz dar (Matthews et al., 2004, S. 193).

Ein Grundproblem der Diskussion um die Emotionale Intelligenz ist die Größe und die Verschiedenheit der Feldstudien. Die vorliegenden Studien sind meist nur von sehr limitiertem Umfang in Bezug auf die Anzahl und die Auswahl der Probanden (z.B. Dulewicz et al., 2003, S. 205; Rozell et al. 2006, S 122), und in so fern nur bedingt aussagekräftig. Auch tragen die unterschiedlichen Testmethoden nicht gerade zu einem klaren Bild bei.

Interessanterweise bringen die Kritiker der Diskussion um die Emotionale Intelligenz zwar diverse Argumente an (Matthews et al., 2004), jedoch ist die Kritik eher auf die in vielen Punkten sehr unwissenschaftliche Diskussion gestützt. Die hier angeführten Studien haben jedoch in der Mehrzahl eine positive Korrelation zwischen einigen - wenn auch nicht allen - Fähigkeiten der Emotionalen Intelligenz und Leistungsfaktoren hergestellt.

Sicherlich kann nicht gesagt werden, dass ein hoher Grad an Emotionaler Intelligenz den Erfolg garantiert, aber er kann ihn einfacher machen (Côté, Miners, 2006, S. 3). Allerdings muss das Umfeld stimmen. Wer in einem komplett unemotionalen Umfeld mit Emotionaler Intelligenz agieren will, wird nicht besonders weit kommen (Michas, 2007).

Kerngedanken

- Es gibt diverse Kritikpunkte am Konstrukt der EI
- Diese Kritikpunkte stellen jedoch die Kernpunkte der zukünftigen Forschung dar

11. Ergebnis

Als Ergebnis der obigen Ausführungen kann festgehalten werden, dass Emotionale Intelligenz definitiv ein Soft Skill für das Management ist. Die zentrale Fragestellung kann somit positiv beantwortet werden. Diese Tatsache ergibt sich schon aus den Modellen der Emotionalen Intelligenz und der Soft Skills und deren engen Zusammenhang.

Die Emotionale Intelligenz ist ein integrativer Bestandteil der Persönlichkeit eines jeden Menschen. Es geht bei der Betonung der Wichtigkeit der Emotionalen Intelligenz jedoch nicht um die Negierung des Einflusses der kognitiven Intelligenz. Vielmehr gehören beide untrennbar zusammen, um ein Gesamtbild zu ergeben. Dabei ist zu betonen, dass die Emotionale Intelligenz eine wesentliche Rolle spielt. Allerdings ist sie nicht zwingend notwendig um erfolgreich zu sein. Die einzelnen Fähigkeiten der Kognitiven und Emotionalen Intelligenzen können sich bis zu einem bestimmten Grad gegenseitig kompensieren.

Somit ist Emotionale Intelligenz vielmehr wichtig, um überdurchschnittlich erfolgreich zu sein. Die Begründung hierfür ist darin zu suchen, dass die Fähigkeiten, die auf Emotionaler Intelligenz aufbauen, wichtiger werden, je höher ein Individuum in einer Hierarchie aufsteigt. Aber auch in vielen Nicht-Führungspositionen, wie z.B. im Vertrieb, als Teamassistenz oder anderen Tätigkeiten mit engem Kontakt zu anderen Akteuren, kann Emotionale Intelligenz zu großem Erfolg verhelfen. So sind z.B. das Management von Beziehungen und die Empathie Fähigkeiten, die in fast jeder Tätigkeit hilfreich sind.

Die Meinungen darüber, welchen Einfluss die Emotionale Intelligenz auf die Leistung eines Managers hat, gehen aber auseinander. Das es einen qualitativen Zusammenhang zwischen dem Grad der Emotionalen Intelligenz eines Managers und dessen Leistung gibt, geht aus den in dieser Arbeit zitierten Untersuchungen klar hervor. Allerdings erweist es sich als sehr schwer, diesen Zusammenhang quantitativ darzustellen.

Es konnte aufgezeigt werden, dass es verschiedene Testverfahren gibt, die neben dem wissenschaftlichen Kontext auch in der freien Wirtschaft erfolgreich eingesetzt werden. Diese dienen als Basis für die Feststellung des Grades der Emotionalen Intelligenz bei Individuen und der Belegschaft der Organisation. Sie bieten Organisationen die Möglichkeit den Grad der Emotionalen Intelligenz schon heute bei Personalentscheidungen zu berücksichtigen.

Es wird deutlich, dass eine gezielte Auswahl von Mitarbeitern den Grad der Emotionalen Intelligenz berücksichtigen sollte. Dies gilt zum einen bei der internen Auswahl für bestimmte Aufgaben, wie z.B. der Zusammenstellung eines Teams, aber gerade auch bei der Auswahl von neuem Personal. Dies wird umso wichtiger, je höher der Kandidat in der Hierarchie eingeordnet werden soll. In beiden Fällen kann unter Zuhilfenahme der Testverfahren der Emotionalen Intelligenz eine Fehlauswahl bei den möglichen Kandidaten weitestgehend vermieden werden. Dadurch ergeben sich für Organisationen reale Kosteneinsparungen. Es kann somit festgehalten werden, dass Emotional Intelligente Mitarbeiter eine deutliche Auswirkung auf den kommerziellen Erfolg einer Unternehmens haben und somit die Auswahl nach Gesichtspunkten der Emotionalen Intelligenz und die Fortbildung auch finanziell interessant ist (Sardo, 2004, S. 17).

Ist Emotionale Intelligenz nicht in dem für die Aufgabe nötigen oder geforderten Grad vorhanden, so kann diese oftmals durch Coachingmaßnahmen entwickelt werden. Der Grad der Weiterentwicklung kann jedoch durch viele Faktoren begrenzt werden. Entsprechende Maßnahmen sollten nur mit Mitarbeitern durchgeführt werden, die zumindest über Grundfertigkeiten verfügen. Allerdings müssen diese Maßnahmen die Besonderheiten der Thematik und die Individualität des Einzelnen berücksichtigen. Kurze Trainings sind hier nicht Erfolg versprechend. Vielmehr ist auf längerfristige begleitende Coachingmaßnahmen zu setzen. Insgesamt ist der Entwicklungsprozess als langfristig und komplex einzustufen.

Viele Mitarbeiter sind sich zudem ihrer Emotionalen Intelligenz gar nicht bewusst. Somit können sie diese auch nicht einsetzten bzw. keine Defizite feststellen. In diesem Fall ist es Notwendig zuerst das Bewusstsein für die eigenen emotionalen Fähigkeiten zu entwickeln (Michas, 2007).

Da die heutige Arbeitsumwelt von interdependenten Beziehungen geprägt ist und der Manager mit einer Vielzahl von Interaktionspartnern zu tun hat, kann die Emotionale Intelligenz helfen, diesen Alltag besser zu gestalten und die Beziehungen effektiver zu managen. Dieser Faktor spielt gerade auch im Bereich der Personalentscheidungen durch einen Manager eine wichtige Rolle, da die richtige Personalauswahl viel dazu beiträgt, wie effektiv die Aufgabe erfüllt werden kann. Zudem kann durch die Auswahl des richtigen Personals die Anzahl der Fehlbesetzungen massiv verringert werden, was wiederum messbare Kosteneinsparungen für die Organisation bedeutet.

Wenn es um das Management von Teams geht, so ist ein hoher Grad an Emotionaler Intelligenz sowohl beim Teammanager als auch bei den Teammitgliedern wünschenswert. Dieser hilft dabei die Arbeit mit und innerhalb des Teams reibungsloser und effektiver zu gestalten. Dies ist besonders wichtig, da es sowohl um das Management der Beziehungen der Teammitglieder untereinander, als auch der Beziehungen zu anderen Stellen in der Organisation geht.

Die Vielschichtige Wirkung der Emotionalen Intelligenz auf die Akteure in Organisationen und auf die Organisation selbst sind in Abbildung 9 dargestellt. Die Kognitive Intelligenz dient als Basis und wird von den Fähigkeiten der Emotionalen Intelligenz ergänzt. Die Emotionale Intelligenz hat Einfluss auf die Aufgaben der Organisation und ihrer Akteure. Nach den oben aufgezeigten Studien ist es von Vorteil, wenn beim jeweiligen Akteur ein Bewusstsein für Emotionale Intelligenz vorhanden ist und die diese auch angewendet werden kann. Die wichtigsten Aufgaben, die stark vom Grad der Emotionalen Intelligenz beeinflusst werden können, sind hier dargestellt.

Die zentralen Herausforderungen für die Organisation werden durch das Management ausgeführt. Diese übergeordneten Aufgaben müssen durch Manager mit entsprechenden Fähigkeiten umgesetzt werden. Der einzelne Manager wiederum hat zentral mit der Auswahl und der Führung von Personal zu tun. Zudem muss er Teams effektiv managen, Veränderungen in der Organisation durchführen und das eigene Netzwerk ausbauen. Der Mitarbeiter wird von der Emotionalen Intelligenz im Aufbau seiner Netzwerke, der Bindung an die Arbeit und seinem Stressempfinden beeinflusst. Innerhalb eines Teams ist ein ausreichender Grad an Emotionaler Intelligenz wichtig um eine effektive Arbeit zu ermöglichen.

Abbildung 8: Der Einfluss der Emotionalen Intelligenz

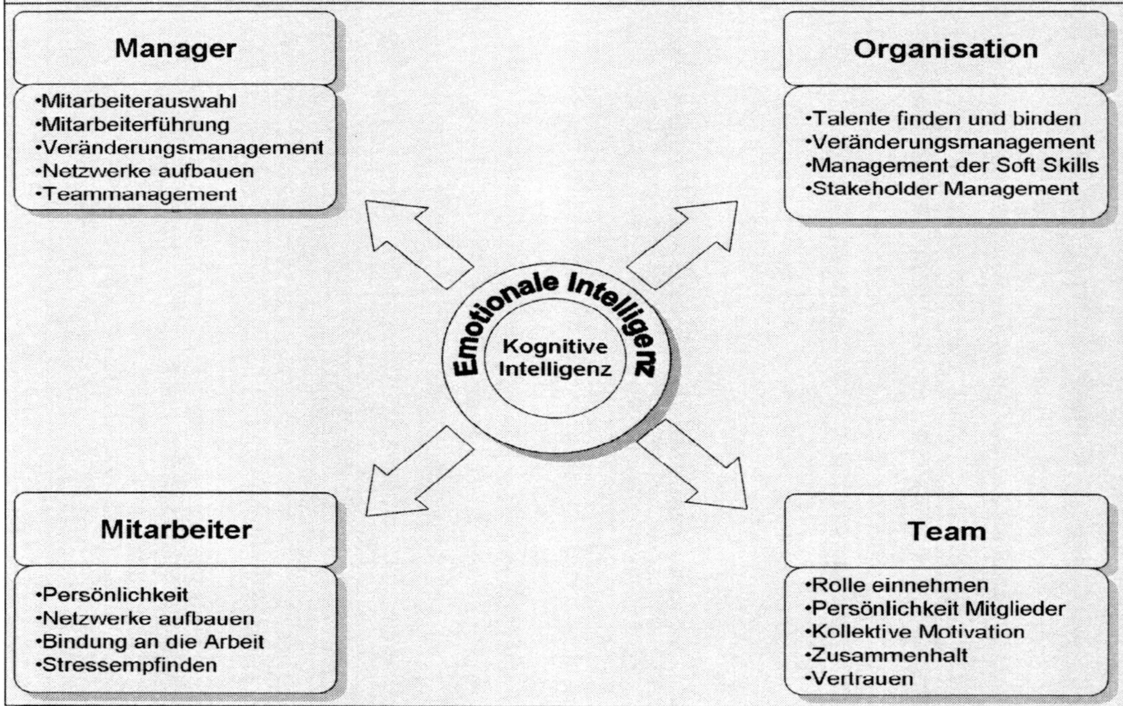

Die einzelnen Akteure in dieser Darstellung beeinflussen sich auch gegenseitig, wobei wiederum Fähigkeiten der Emotionalen Intelligenz eine wichtige Rolle spielen. Das Modell zeigt deutlich, in wie vielen kritischen Bereichen der täglichen Arbeit Emotionale Intelligenz eine wesentliche Beeinflussung darstellt. Dies wird vor dem Hintergrund, dass der Manager als Handlungsorgan des Unternehmens agiert und Mitarbeiter und Teams effektiv und erfolgreich managen muss, noch mal besonders deutlich.

Emotionale Intelligenz ist ein wichtiger Baustein für den zukünftigen Erfolg von Managern und Organisationen. Viele der strategisch wichtigen Themen für Organisationen sind direkt oder indirekt mit den Faktoren der Modelle der Emotionalen Intelligenz verknüpft. Somit ist es für Manager und Organisationen enorm wichtig Emotionale Intelligenz zu erkennen, zu fördern und auszubilden, um sich für den zukünftigen Wettbewerb zu rüsten.

Kerngedanken

- EI ist hochrelevant für Unternehmen und Manager
- EI bringt viele Vorteile
- EI lässt sich durch Coaching entwickeln
- EI ist ein möglicher Wettbewerbsvorteil

12. Ausblick

Emotionale Intelligenz ist also kein neues oder modisches Konstrukt. Vielmehr beschäftigt sich die Wissenschaft schon seit mehreren Jahrzehnten mit dem Thema (Cherniss, 2000, S. 10). Die Ergebnisse der Literaturrecherche haben deutlich gezeigt, dass das Thema Emotionale Intelligenz ein großes Spektrum an Unterthemen beinhaltet.

Auch wenn die wissenschaftliche Diskussion um genaue Definitionen und Vorgehensweisen weitergehen wird, so kann zweifelsohne behauptet werden, dass Emotionale Intelligenz einen wichtigen Baustein der Persönlichkeit darstellt. Aufgrund der Vielzahl an vorliegenden Studien kann ebenfalls davon ausgegangen werden, dass die Emotionale Intelligenz einen direkten Bezug zur Leistungsfähigkeit von Menschen hat. Allerdings muss dabei beachtet werden, dass Emotionale Intelligenz nur einen Teil eines sehr vielschichtigen Systems der Persönlichkeit ausmacht. Überaus interessant ist in diesem Zusammenhang auch die weiter oben angeführte Untersuchung von Côté und Miners, die von der Möglichkeit der Kompensation der verschiedenen Fähigkeiten untereinander ausgeht.

Auch Autoren wie Emmerling und Goleman sind zu der Meinung gekommen, dass die öffentliche Diskussion und die Popularität des Themas Emotionale Intelligenz überraschend viele Forscher angezogen haben. Jedoch ist somit „die Lücke zwischen dem was wir wissen und dem was wir wissen müssen“ entstanden (Emmerling et al., 2003, S. 2).

Obwohl Emotionale Intelligenz so sehr in den Fokus der Öffentlichkeit gerückt ist und als Thema intensiv diskutiert wird, herrscht immer noch ein Mangel an Studien vor, die die Verbindung der Emotionalen Intelligenz mit der Arbeitsleistung in der wissenschaftlich notwendigen Breite beweisen oder widerlegen. Aus diesem Grund ist das Wissen um die Verbindung der beiden Faktoren in der Arbeitswelt noch sehr limitiert (Côté et al., 2006, S. 1). Allerdings zeigen die zitierten Beispiele wie das der US Air Force oder das des Finanzdienstleisters, dass das Konzept der Emotionalen Intelligenz durchaus schon außerhalb des wissenschaftlichen Sektors erfolgreich eingesetzt werden kann.

Viele der Autoren im Bereich der Emotionalen Intelligenz fordern eine einheitliche Definition bzw. kritisieren sich gegenseitig über den Umfang und die Zielsetzung der jeweils anderen Definitionen. Die momentan vielschichtig geführte Diskussion mit den verschiedenen Modellen und Definitionen kann jedoch durchaus fruchtbar sein. Allerdings sollte es zukünftig eine klare Trennung zwischen den populären und den wissenschaftlichen Fakten geben (Mayer et al., 2004, S. 249).

Es geht also für die zukünftige Forschung weniger darum, ob Emotionale Intelligenz ein relevanter Faktor für Manager und Organisationen ist. Vielmehr geht es darum, wie wichtig die Rolle der unterschiedlichen Teilbereiche der Modelle für Manager und Organisationen ist.

Nach der Meinung von Matthews et al. (2004, S. 193) geben gerade die sieben Hauptkritikpunkte am Modell der Emotionalen Intelligenz (siehe Tabelle 7) einen Ausblick auf die möglichen zukünftigen Forschungsfelder. Diese Mythen aufzuklären ist als Ziel der wissenschaftlichen Arbeit der nächsten Jahre zu sehen.

Es kann also festgehalten werden, dass die wissenschaftliche Erforschung der Emotionalen Intelligenz noch vor vielen Aufgaben steht. Es bleibt jedoch fraglich, ob sich die Forscher jemals auf einen einheitlichen Definitionsansatz verständigen werden. Es werden aber noch wesentlich mehr Studien benötigt, die die verschiedenen Aspekte weiter erforschen und die Zusammenhänge zwischen der Leistungsfähigkeit von Individuen, Teams und deren Grad an Emotionaler Intelligenz untersuchen, und den Zusammenhang auf eine wissenschaftlich valide Basis stellen.

13. Zusammenfassung

Das Thema Emotionale Intelligenz ist seit Mitte der 90er Jahre in das Blickfeld der Öffentlichkeit gerückt. Auch wenn das Konzept bereits seit Anfang des vorigen Jahrhunderts in der wissenschaftlichen Gemeinde diskutiert wird, haben erst die populären Veröffentlichungen von Goleman dazu geführt, dass dem Thema in Wissenschaft und Wirtschaft größere Aufmerksamkeit geschenkt wird.

Die theoretischen Grundlagen sind uneinheitlich. Es existieren momentan drei große Modelle, die alle verschiedene Aspekte der Persönlichkeit des Individuums ansprechen und nur in Teilbereichen Schnittmengen aufweisen. Aus zwei der Modelle wurden Testverfahren aufgebaut, die in Wissenschaft und Wirtschaft Anwendung finden.

Wenngleich die Definition des Begriffs Soft Skills uneinheitlich ausfällt, kann festgehalten werden, dass Emotionale Intelligenz und Soft Skills eng miteinander verwoben sind. Welches Modell von welchem Bestandteil ist, hängt von der Betrachtungsweise ab. Aufgrund dieser Zusammenhänge kann festgestellt werden, dass jedes Individuum über Emotionale Intelligenz verfügt, die Frage ist nur, wie stark diese Ausgeprägt ist.

Emotionale Intelligenz kann Organisationen und Managern helfen einige der zentralen Herausforderungen besser und effektiver zu erfüllen. Auch wenn Emotionale Intelligenz nicht oder nur in einem geringen Maße zwingend notwendig ist, um Erfolg zu haben, so ist sie eine enorme Hilfestellung, je höher ein Individuum in der Hierarchie aufsteigt.

Deutlich sichtbar ist der Zusammenhang von Emotionaler Intelligenz und Leistung. Mehrere Studien haben aufgezeigt, dass gerade im Bereich der direkten Interaktion mit anderen Personen ein hoher Grad an Emotionaler Intelligenz zu besseren Ergebnissen führt. Dies ist auf die größere Flexibilität im Umgang mit den Gefühlen des Gegenübers zurückzuführen.

Bei der Auswahl von Personal für bestimmte Aufgaben und der Neubesetzung von Stellen kann Emotionale Intelligenz eine wertvolle Hilfe sein, um Fehlbesetzungen zu vermeiden. Mit den bestehenden Testverfahren konnten schon Erfahrungen in der Praxis gesammelt werden, die beim Anwender zu realen Kosteneinsparungen geführt haben. Auch geht die Meinung der führenden Forscher in die Richtung, dass bei der Besetzung von Stellen die Emotionale Intelligenz der Aspiranten auf Tauglichkeit für die zu besetzende Stelle geprüft werden sollte.

Es ist möglich Emotionale Intelligenz zu entwickeln, jedoch ist der Weg komplex, langfristig angelegt und muss individuell abgestimmt sein, um zum Erfolg zu führen. Es sollten zudem auch nur jene Personen entwickelt werden, die eine gewisse Grundausstattung an Emotionalen Fähigkeiten besitzen.

Die Kritikpunkte aus der wissenschaftlichen Gemeinde sind vielfältig und richten sich gegen verschiedene Stellen des Konstrukts. Die uneinheitliche Definition und damit Forschungsbasis sowie die relativ geringe Anzahl an Studien haben dazu geführt, dass einige Forscher der Ansicht sind, dass das Konstrukt noch nicht wissenschaftlich valide ist. Es bleiben also für die Forschung noch viele offene Fragen zur Klärung.

Es kann festgehalten werden, dass die Emotionale Intelligenz ein sehr wichtiger Soft Skill für das Management ist. Sie kann bei vielen Aufgaben des täglichen Lebens hilfreich sein und die Erfüllung dieser erleichtern. Auch wenn ein letztendlicher wissenschaftlicher Beweis noch aussteht, so deuten die heutigen Ergebnisse deutlich darauf hin, dass das Vorhandensein von Emotionaler Intelligenz, neben ausreichend vorhandener Kognitiver Intelligenz, einen hohen Beitrag zur Leistung von Individuen beiträgt.

Aus diesem Grund sollte es eine intensive Beschäftigung mit dem Thema in Organisationen geben. Auch sollte sich jeder einzelne gezielt mit seiner Emotionalen Intelligenz beschäftigen, sich seiner Fähigkeiten bewusst werden und die Vorteile dieser im Alltag einsetzen.

14. Bibliographie

1. Antonakis, J., 2004: On Why Emotional Intelligence Will Not Predict Leadership Effectiveness Beyond IQ Or The Big Five: An Extension And Rejoinder, Organizational Analysis, Vol. 12, No. 2, S. 171 - 182, Information Age Publishing, Inc., Charlotte, NC

2. Ashkanasy, N. M., Dasborough, M. T., 2003: Emotional Awareness and Emotional Intelligence in Leadership Teaching, Journal of Education for Business, September/October 2003, Heldref Publications, Washington, DC

3. Bar-On, R., 2006: The Bar-On Model of Emotional-Social Intelligence (ESI), Consortium for Research on Emotional Intelligence in Organizations, Rutgers University, New Jersey

4. Boyatsis, R. E., Van Oesten, E., 2003: A leadership imperative: Building the emotional intelligent organization, Ivey Business Journal, January/February 2003, The University of Western Ontario, London, Ontario, Canada

5. Boyatzis, R., 1982: The competent manager: A model for effective performance, John Wiley and Sons, New York

6. Boyatzis, R., 2004, in: Inside the Mind of the Leader, S. 30, Harvard Business Review, Harvard Business Press, Boston, Massachusetts

7. Carroll, J., 2005: The 12 Skills for success, camagazine, January/February 2005, S. 14, Canadian Institute of Chartered Accountants, Toronto

8. Caruso, D. R., Salovey, P., 2007: Managen mit Emotionaler Intelligenz, Campus Verlag GmbH, Frankfurt am Main

9. Cherniss, C., 2000: Emotional Intelligence: What it is and Why it Matters, vorgelegte Arbeit für das jährliche Treffen der Society for Industrial and Organzational Psychology, New Orleans

10. Cherniss, C., 2004: The Business Case for Emotional Intelligence, Consortium for Research on Emotional Intelligence in Organizations, Rutgers University, New Jersey

11. Ciarrochi, J., Caputi, P., Mayer, J. D., 2002: The distinctiveness and utility of a measure of trait emotional awareness, Personality and Individual Differences, No. 34, S. 1477 – 1490, Elsevier Science Ltd., Oxford

12. Cooper, R. K., Sawaf, A., 1997: EQ - Emotionale Intelligenz für Manager, Wilhelm Heyne Verlag, München

13. Côté, S., Miners, C. T. H., 2006: Emotional Intelligence, Cognitive Intelligence, and Job Performance, Administrative Science Quarterly, 51, S. 1 – 28, The Johnson School, Cornell University, Cornell

14. Darwin, C., 1872/2007: The Expression of the Emotions in Man and Animals, Filiquarian Publishing, LLC

15. Dearborn, K., 2002: Studies in Emotional Intelligence Redefine Our Approach to Leadership Development, Public Personnel Management, Volume 31, No. 4, International Personnel Management Association, Alexandria, VA

16. Dulewicz, C., Young, M., Dulewicz, V., 2005: The relevance of emotional intelligence for leadership performance, Journal of General Management,
Vol. 30, No. 3, S. 71-86, The Braybrooke Press, Henley-On-Thames

17. Dulewicz, V., Herbert, P. J., 1999: Predicting advancement to senior management from competencies and personality data: A 7-Year follow-up study, British Journal of Management, 10, 13 - 22, Blackwell Publishing Ltd., Oxford

18. Dulewicz, V., Higgs, M., 2003: Leadership At The Top: The Need For Emotional Intelligence In Organizations, The International Journal of Organizational Analysis, Vol. 11, No. 3, pp. 193 – 210, Information Age Publishing, Inc., Charlotte, NC

19. Dulewicz, V., Higgs, M., 2004: Can Emotional Intelligence be developed?, International Journal of Human Resource Management, 15:1, February 2004, Taylor & Francis Ltd., London

20. Emmerling, R. J., Goleman, D., 2003: Emotional Intelligence: Issues and common misunderstandings, Consortium for Research on Emotional Intelligence in Organizations, Rutgers University, New Jersey

21. Feyerherm, A. E., Rice, C. L., 2002: Emotional Intelligence and Team Performance: The Good, The Bad and The Ugly, The International Journal of Organizational Analysis, Vol. 10, No. 4, pp. 343 – 362, Information Age Publishing, Inc., Charlotte, NC

22. Goldberg, E., 2004, in: Inside the Mind of the Leader, S. 31, Harvard Business Review, Harvard Business Press, Boston, Massachusetts

23. Goleman, D., 1998: What Makes a Leader?, Best of Harvard Business Review, Harvard Business Press, Boston, Massachusetts

24. Goleman, D., 2000: Leadership that gets results, Harvard Business Review, Harvard Business Press, Boston, Massachusetts

25. Goleman, D., 2000b: EQ2 - Der Erfolgsquotient, 4. Auflage, Deutscher Taschenbuch Verlag GmbH & Ko. KG, München

26. Goleman, D., 2005: EQ - Emotionale Intelligenz, 18. Auflage, Deutscher Taschenbuch Verlag GmbH & Ko. KG, München

27. Goleman, D., Boyatzis, R., McKee, A., 2003: Emotionale Führung, Ullstein Buchverlage GmbH, Berlin

28. Goleman, D., Cherniss, C., 2003: Emotionale Intelligenz, in: Management, S. 180 – 182, Campus Verlag GmbH, Frankfurt am Main

29. Gutstein, S., 2004, in: Inside the Mind of the Leader, S. 29-30, Harvard Business Review, Harvard Business Press, Boston, Massachusetts

30. Lam, L. T., Kirby, S. L., 2002: Is Emotional Intelligence an Advantage? An Exploration of the Impact of Emotional and General Intelligence an Individual Performance, The Journal of Social Psychology, 2002, No. 142, S. 133 – 143, Heldref Publications, Washington, DC

31. Lash, R., 2003: Führen mit emotionaler Intelligenz, in Management, S. 201 – 204, Campus Verlag GmbH, Frankfurt am Main

32. Luskin, F., Aberman, R., DeLorenzo, A., 2005: The Training of Emotional Competence in Financial Services Advisors, Issues in Emotional Intelligence, Consortium for Research on Emotional Intelligence in Organizations, Rutgers University, New Jersey

33. Lyusin, D. B., 2006: Emotional Intelligence as a Mixed Construct, Journal of Russian and East European Psychology, Vol. 44, No. 6, M.E. Sharpe Inc., Armonk, NY

34. Matthews, G., Roberts, R. D., Zeidner, M., 2004: Seven Myths About Emotional Intelligence, Psychological Inquiry, Vol. 15, No. 3, 179 – 196, Lawrence Erlbaum Associates, Inc., Florence, Kentucky

35. Mayer, J. D., DiPaolo, M. T., Salovey, P., 1990: Perceiving affective content in ambiguous visual stimuli: A component of emotional intelligence, Journal of Personality Assessment, 54, S. 772 - 781, Lawrence Erlbaum Associates, Inc., Florence, Kentucky

36. Mayer, J. D., Salovey, P., Caruso, D., 2000: Models of Emotional Intelligence, in: Sternberg, R., 2000: Handbook of Intelligence, Cambridge University Press, Cambridge, UK

37. Mayer, J.D., Salovey, P., Caruso, D. R., 2004: Emotional Intelligence: Theory, Findings, and Implications, Psychological Inquiry, Vol. 15, No. 3, 197 – 215, Lawrence Erlbaum Associates, Inc., Florence, Kentucky

38. Mayer, J.D., Salovey, P., Caruso, D. R., 2004b: A Further Consideration of the Issues if Emotional Intelligence, Psychological Inquiry, Vol. 15, No. 3, 249 – 255, Lawrence Erlbaum Associates, Inc., Florence, Kentucky

39. Nikolaou, I., Tsaousis, I., 2003: Emotional Intelligence in the Workplace: Exploring its Effects on Occupational Stress and Organizational Commitment, The International Journal of Organizational Analysis, Vol. 10, No. 4, pp. 327 – 342, Information Age Publishing, Inc., Charlotte

40. Peter, L. J., Hull, R., 2004: Das Peterprinzip - oder die Hierarchie der Unfähigen, 4. Auflage, Rowohlt Taschenbuchverlag, Reinbek bei Hamburg

41. Prati, L. M., Douglas, C., Ferris, G. R., Ammeter, A. P., Buckley, M. R., 2003: Emotional Intelligence Leadership Effectiveness, And Team Outcomes, The International Journal of Organizational Analysis, Vol. 11, No. 1, pp. 21 – 40, Information Age Publishing, Inc., Charlotte, NC

42. Rahim, M. A., Psenicka, C., 2002: A Model of Emotional Intelligence and Conflict Management Strategies: A Study in Seven Countries, The International Journal of Organizational Analysis, Vol. 10, No. 4, pp. 302 – 326, Information Age Publishing, Inc., Charlotte, NC

43. Ramsoomair, F., 2004: The Hard Realities of Soft Skills, Problems and Perspectives in Management, 4/2004, Sumy State University and Publishing Company Business Perspectives, Sumy, Ukraine

44. Rapisarda, B., A., 2002: The Impact of Emotional Intelligence on Work Team Cohesiveness and Performance, The International Journal of Organizational Analysis, Vol. 10, No. 4, pp. 363 – 379, Information Age Publishing, Inc., Charlotte, NC

45. Rozell, E. J., Pettijohn, C. E., Parker, R. S., 2006: Emotional Intelligence and Dispositional Affectivity as Predictors of Performance in Salespeople, Journal of Marketing Theory and Practice, vol. 14, no. 2, M.E. Sharpe Inc., Armonk, NY

46. Salovey, P., Mayer, J. D., 1990: Emotional Intelligence, Imagination, Cognition, and Personality, 9, S. 185 - 211, Baywood Publishing Company, Amityville, NY

47. Sardo, S., 2004: Learning to display Emotional Intelligence, Business Strategy Review, Spring 2004, Volume 15, Issue 1, Blackwell Publishing Ltd., Oxford

48. Sarges, W., 1990: Management-Diagnostik, Hogrefe-Verlag, Göttingen, Toronto, Zürich

49. Schlesiger, C., Ruess, A., 2007: Ängste nehmen, Wirtschaftswoche, Nr. 13, 2007, Verlagsgruppe Handelsblatt, Düsseldorf

50. Simonovich, D., 2006: Organizational Behavior 1 – Managerial Behavior, Studienheft der Europäischen Fernhochschule Hamburg, Europäische Fernhochschule Hamburg, Hamburg

51. Thorndike, E. L., 1920: Intelligence and its uses, Harper's Magazine, 140, S. 227 - 235, Harper's Magazine, New York

52. Torrington, D., Hall, L., 1998: Human Resource Management, 4. Auflage, Prentice Hall Europe, Harlow

53. Wallace,E., Rijamampianina, R., 2005: Strategic Decision Making with Corporate Emotional Intelligence, Problems and Perspectives in Management, 3/2005, Sumy State University and Publishing Company Business Perspectives, Sumy, Ukraine

54. Wechsler, D., 1943: Nonintellective factors in general intelligence, Journal of Abnormal Social Psychology, 38, S. 100 - 104, American Psychological Association, Washington, DC

55. Zaccaro, S. J., Horn, Z. N. J., 2003: Leadership theory and practice: Fostering an effective symbiosis, Leadership Quarterly, 14, 769 - 806, Elsevier Science Ltd., Oxford

56. Zeidner, M., Matthews, G., Roberts, R. D., 2004: Emotional Intelligence in the workplace: A critical review, Applied Psychology: An International Review, 53, 371 - 399, Blackwell Publishing Ltd., Oxford

Internetquellen

Mayer, J. D., 2007: Emotional Intelligence Information, http://www.unh.edu/emotional_intelligence, zuletzt besucht am 07.04.2007

Wikipedia, 2007: Definition Emotionale Intelligenz, http://de.wikipedia.org/wiki/Emotionale_Intelligenz, zuletzt besucht am 13.05.2007

Wikipedia, 2007b: Definition Soft Skills, http://de.wikipedia.org/wiki/Soft_skills, zuletzt besucht am 13.05.2007

Wikipedia, 2007c: Definition Soziale Kompetenz, http://de.wikipedia.org/wiki/Soziale_Kompetenz, zuletzt besucht am 13.05.2007

Sonstige Quellen

Unterredung mit Thomas Michas, Geschäftsführer seltenfaellt Unternehmensberatung GmbH, Köln, am 06. Mai 2007, http://www.seltenfaellt.de

An dieser Stelle möchte ich mich ganz besonders bei meiner Verlobten Agnes für ihre großartige Unterstützung bedanken. Ohne Sie wäre weder MBA These noch Buch in dieser Form möglich gewesen.

Vielen Dank!

www.secrets-of-management.de